纺织服装高等教育"十三五"部委级规划教材

Illustrator
服装设计

江汝南 董金华 编著

东华大学 出版社·上海

图书在版编目（CIP）数据

Illustrator 服装设计/江汝南，董金华编著. —上海：东华大学出版社，2017.1
ISBN 978 - 7 - 5669 - 1167 - 4

Ⅰ.①I⋯　Ⅱ.①江⋯ ②董⋯　Ⅲ.①服装设计–计算机辅助设计–图像处理软件–
高等学校–教材　Ⅳ.①TS941.2

中国版本图书馆 CIP 数据核字（2016）第 274207 号

Illustrator 服装设计

Illustrator Fuzhuang Sheji

编著/ 江汝南　董金华
责任编辑/ 谭　英
封面设计/ 张林楠
出版发行/ 東華大學出版社
　　　　　上海市延安西路 1882 号
　　　　　邮政编码：200051
出版社网址 http://www.dhupress.net
天猫旗舰店 http://dhdx.tmall.com
经销/ 全国新華書店
印刷/ 苏州望电印刷有限公司
开本/ 889mm×1194mm　1/16
印张/ 8.25　　字数/ 290 千字
版次/ 2017 年 1 月第 1 版
印次/ 2017 年 1 月第 1 次印刷
书号/ ISBN 978-7-5669-1167-4
定价/ 39. 00 元

前　言

电脑服装设计是科学技术与艺术设计有机融合的产物。与传统手工服装画相比，电脑服装画无论是在商业观念还是在创作形式上都进入了一个崭新时期。它改变了人们对服装画的审美习惯、时尚现象的交流方式以及服装创作的思维模式。它将设计师的双手从单调重复的劳动中解放出来，使创意和灵感得到空前释放。当前，电脑绘画水平高低已经成为了服装设计能力的重要组成部份。

电脑服装画具有表现的多样、组合的任意、流程的规范、现实的虚拟等技术特征。同时，画稿数据存储、传输模式的革命，带来了新的创作观念和手段。此外，技术与艺术的联姻，使得服装画在绘画技法和表现力度方面也取得了极大的进展。电脑服装画采用所见即所得的绘图方式，能够将任意素材融入画面，反复利用剪切、复制、粘贴、合成等技术，将常规的视觉元素单位进行分解、重组，从而生成多变的新图形。只要能够传递观念或意味，抽出、混合、复制、拼贴、挪用、合成等折衷主义手法和具有戏谑、调侃的绘画语言都可以大胆地运用，极大地拓展了服装画的艺术表现力。

电脑服装画不仅可以仿真几乎所有传统风格的服装画，而且还可以带来全新的"数码风格"（包括对设计元素的科幻感或整体创作随机感的风格表现），这一点，实际上是传统服装画在艺术风格表现上无法逾越的技术鸿沟。电脑服装画具有丰富的艺术表现力，如运笔的力度分寸感、符号的节奏律动感、主体的表面材质感、构图的空间纵深感、画面的光影渲染感、色彩的层次渐变感，都能够视需要而被淋漓尽致地表现出来。它可以模拟几十种绘画工具，产生几百种笔触效果；可以随意绘出各种流畅的几何形和不规则形；可以把物象分成多个层次来描绘、修改、组合，表现逼真或复杂的画面效果，提升画作的表现力度；还可以通过贴图、置换和调整高光、反光、折射、反射、透明等参数，来表现极具真实感的材质，强化作品的艺术感染力。此外，色彩过渡也非常自然、细腻，色彩渐变和自由填充可自如运用。在服装绘画的具体创作中，既可以趋向统一、消除笔触、弱化形态、减少层次，从而反映技术的理性与秩序之美；又可以在没有颜料、纸张、画笔的物质形式下，达到自然、随意的手绘效果，同时还能刻画出逼真的材料质感、肌理纹路。

CorelDRAW、Adobe Illustrator、Adobe PhotoShop 是常见的电脑辅助服装设计通用软件。因此，系列丛书《CorelDRAW 服装设计》《Illustrator 服装设计》《PhotoShop 服装设计》分别针对服装产品开发过程中的不同模块内容而展开编排，既可以配合单个软件的学习，又可以将多个软件融汇贯通，全面提升电脑服装设计的综合能力。

本书运用 Illustrator CS6 软件，围绕服装设计产品开发过程中的不同模块而展开案例教学，内容全面，案例丰富，且各个案例尽量采用不同软件工具和技术手段，在注重技术广度的同时加强内容深度的挖掘，力求拓展学生的实际应用能力。全书共七章，按照"案例效果展示→案例操作步骤→小结→思考练习"的模式进行编排，语言文字详细，操作重点突出，图片标注明晰，同时备有重点案例视频教学（可从出版社网站下载），使学习更轻松方便。

在本书的编写过程中，得到了东华大学出版社的大力支持与帮助。第一章内容参考了 Adobe 公司的官方网站中的 Illustrator 使用手册；陈浪、廖志文、徐悠等同志为本书提供了作品支持。在此一并致谢。

由于作者水平有限，书中难免有不足和疏漏之处，敬请专家和读者批评指正。

作者

目　录

第一章
Illustrator 服装
绘制基本工具介绍

　　Illustrator 是 Adobe 公司开发的一款优秀的专业矢量图形设计软件，是服装设计师、专业插画家、多媒体图像艺术家以及网页制作专家必须掌握的软件之一。Illustrator 软件具有精良的绘图工具、富有表现力的各种画笔以及丰富的色板和符号资源，其强大的功能适合绘制任何小型设计图形以及大型的复杂图形，尤其是对线稿设计图的处理更具有优势。Illustrator CS6 新增的图案创建、图像描摹以及描边上的渐变等功能给服装辅料、服饰图案、印花循环面料等的绘制与设计带来极大的方便。

第一节　基本绘图工具介绍

一、Illustrator 工作区

说明：使用各种元素（如面板、栏以及窗口）来创建和处理文档和文件。这些元素的任何排列方式称为工作区。可以通过从多个预设工作区中进行选择或创建自己的工作区来调整各个应用程序，以适合自己的工作方式。

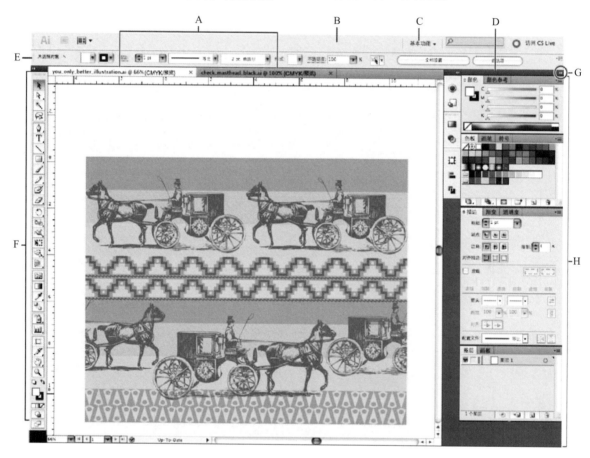

图 1-1-1　工作界面

见图 1-1-1 中，A 为选项卡式"文档"窗口，B 为应用程序栏，C 为工作区切换器 D 为面板标题栏，E 为控制面板 F 为"工具"面板，G 为"折叠为图标"按钮，H 为垂直停放的四个面板组。

二、工具面板概述

说明：启动程序后，屏幕左侧将显示"工具"面板，包括有用于使用文字的工具以及用于选择、上色、绘制、取样、编辑和移动图像的工具。（图 1-1-2）

操作步骤：

1. 通过拖动其标题栏来移动"工具"面板。

2. 执行菜单【窗口/工具】显示或隐藏"工具"面板；或者按住快捷键【Tab】显示或隐藏"工具"面板。

3. 工具图标右下角的小三角形表示存在隐藏工具。要展开隐藏工具，在图标上按下鼠标左键不松手，弹出隐藏工具后再松开鼠标即可。

4. 使用"工具"面板将绘图模式从"正常绘图"更改为"背面绘图"或"内部绘图"。

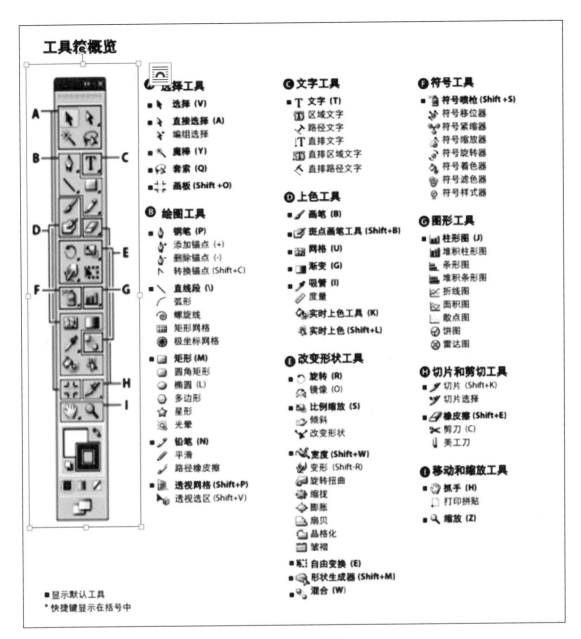

图 1-1-2　工具箱

三、关于路径

说明：Illustrator 绘图时，可以创建称作路径的线条。路径由一个或多个直线或曲线线段组成。每个线段的起点和终点由锚点作标记。路径可以是闭合的，也可以是开放的图形对象。

操作步骤：

1. 通过拖动路径的锚点、方向点（位于在锚点处出现的方向线的末尾）或路径段本身，可以改变路径的形状。

2. 路径具有两类锚点：角点和平滑点。在角点，路径突然改变方向。在平滑点，路径段连接为连续曲线。可以使用角点和平滑点任意组合绘制路径，并随时调整、更改路径形状。

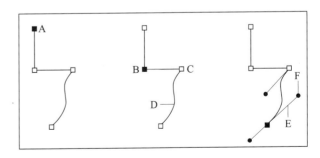

图 1-1-3　路径组件

见图 1-1-3 中，A 为选定的（实心）端点，B 为选定的锚点，C 为未选定的锚点，D 为曲线路径段，E 为方向线，F 为方向点。

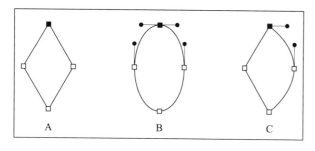

图 1-1-4 路径上的点

见图 1-1-4 中，A 为四个角点，B 为四个平滑点，C 为角点和平滑点的组合。

四、选择工具

选择工具组可以准确地选择、定位修改和编辑对象，这使得在 Adobe Illustrator 中可轻松地组织和布置图稿。只有通过选择工具操作后，才可以执行对象的变换、排列、编组、锁定、隐藏和扩展等命令。

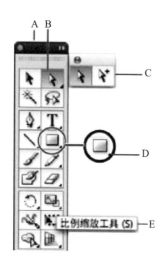

图 1-1-5 选择隐藏工具

见图 1-1-5 中，A 为"工具"面板，B 为现用工具，C 为将隐藏工具拖出面板，D 为表示隐藏工具的三角形，E 为工具名和快捷键。

（一） 选择工具（V）

说明：可以选择完整的路径、对象和组，还可以在组中选择组或在组中选择对象。

操作步骤：

1. 单击选择物体。

2. 框选物体（接触到的物体全部选中）。

3. 按住【Shift】键，加选或减选物体。

4. 按住【Shift】键，放在对角点上可以等比例放大或缩小。按住【Shift＋Alt】键，放在对角点上可以中心等比例放大或缩小。

5. 按住 Alt 键，把鼠标移动到对象内部，同时移动可以复制对象。

6. 选择物体，双击【选择】工具，弹出对话框，在水平和垂直框中设置参数，可以精确移动或复制对象（图 1-1-6）。

原始对象
尺寸：
宽2cm
高1cm

图 1-1-6 精确移动设置及应用效果

（二） 直接选择工具（A）

说明：可以选择单个锚点和路径段进行编辑，还可以在对象组中选择一个或多个对象。

操作步骤：

1. 单击对象选择物体，然后单击锚点即可选中（锚点被选中时，呈实心状态），然后可以移动、转换锚点改变造型（图 1-1-7）。

2. 框选锚点。

3. 按住【Shift】键，加选或减选锚点。

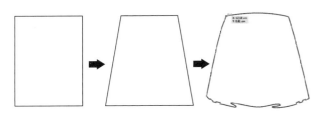

图1-1-7　【直接选择工具】改变造型

（三）魔棒工具 （Y）

说明：选择文档中具有相同或相似填充属性（如颜色、图案、描边粗细、描边颜色、不透明度或混合模式）的所有对象。

操作步骤：

1. 选择【魔棒工具】，单击对象，按住【Shift】键，加选对象。按住【Alt】键，减选对象。

2. 按住【Ctrl】键切换为"选择"工具。按住【Ctrl＋Alt】键，可同时移动并复制对象。（图1-1-8）

图1-1-8　魔棒工具可快速选择相同属性的对象

五、线条工具组

线条工具组包括有直线、弧线、螺旋线、网格等工具（图1-1-9）。

（一）直线工具

说明：绘制直线。

操作步骤：

1. 选择工具箱【直线】工具，配合【Shift】键，约束直线以45°角倍数方向绘制。配合【Alt】键，以单击点为中心向两边绘制。绘制直线过程中按下"空格键"，可冻结正在绘制的直线。按住"～"键，会随着鼠标绘制多条直线。

2. 绘制精确的直线。选择工具箱【直线】工

图1-1-9　线条工具组

具，在页面中单击，弹出"直线段工具选项"对话框（图1-1-10）；或者直接双击工具箱【直线】图标，也会弹出"直线段工具选项"对话框，在"长度""角度"框中输入数值，单击【确定】。

图1-1-10　直线段工具选项对话框

（二）弧形工具

说明：绘制弧线。

操作步骤：

1. 选择工具箱【弧形】工具，在页面中拖动可以绘制任意弧线。配合【X】键，可以使弧线在凹面和凸面之间切换。配合【C】键，可以使弧线在开放弧线和闭合弧线之间切换。配合【F】键，可以翻转弧线，并且弧线的起点保持不变。

2. 按住【上下方向键】，可增大或减小弧线的弧度。配合【～】键，会随着鼠标绘多条弧线。绘制弧线过程中，按下【空格键】，同样可冻结正在绘制的弧线。

3. 图1-1-11绘制步骤。选择【弧形】工具，

按住【Shift】键绘制一条弧线，完成图 a。选择工具箱【镜像】工具，按住【Alt】键单击弧线上端锚点，弹出对话框，设置"轴"为垂直，单击【复制】按钮，完成图 b。选择图 b，再次镜像，设置"轴"为水平，完成图 c。全选图 c，按住【Ctrl＋J】连接路径，填充颜色，最后效果见图 d。

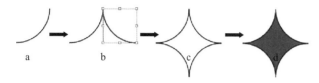

图 1-1-11　由弧线绘制的图形

（三）螺旋工具

说明：绘制螺旋线。

操作步骤：

1. 选择工具箱【螺旋线】工具，在页面中拖动。配合【Ctrl】键，可以调整螺旋线的密度。配合【～】键，会随着鼠标绘制多条螺旋线。

2. 按住上下方向键，可增大或减少螺旋圈数。在绘制过程中按下空格键，可冻结正在绘制的螺旋线。

3. 精确设置螺旋线。选择工具箱【螺旋线】工具，在页面中单击，弹出对话框（图 1-1-12），在"半径""衰减""段数"框中输入数值即可。

图 1-1-12　螺旋线设置

4. 图 1-1-13 操作步骤。绘制一个螺旋，描边为 1pt（图 a），将描边改为 5pt，再绘制一个螺旋，按住键盘【下方向键】减少圈数（图 b）。重复操作，得到效果（图 c），执行菜单【对象/扩展】，弹出对话框，勾选"填充"和"描边"，单击【确定】按钮。然后单击【A】打开"直接选择"工

具，调整修改局部，完成后全选对象，单击【Ctrl＋Shift＋F9】打开路径查找器，单击【联集】按钮。选中对象，执行镜像复制得到图 d 和图 e。添加绘制螺旋，选中对象执行菜单【对象/扩展】，去掉填充，只保留描边（图 f）。

图 1-1-13　螺旋线绘制的图形

（四）网格工具

说明：绘制网格。选中该工具后单击页面，弹出对话框，可以设置参数。

操作步骤：

1. 在绘制过程中配合上下方向键，可增大或减少水平方向上的网格线数。

2. 配合左、右方向键，可增大或减少垂直方向上的网格线数。

3. 配合【F】键，水平网格间距将由下到上以 10％比例递增；配合【V】键，水平网格间距由下到上以 10％比例递减。配合【X】键，垂直网格间距将由左到右以 10％的比例递增；配合【C】键，垂直网格间距将由左到右以 10％的比例递减。

六、基本形状工具组

基本形状包括有矩形、椭圆、多边形、星形等工具（图 1-1-14）。

（一）矩形工具（M）

说明：绘制矩形和正方形。选中该工具后单击页面，弹出对话框，可以设置参数。

操作步骤：

1. 选择工具箱【矩形】工具，在页面中拖动可以绘制任意矩形。配合【Shift】键，绘制正方形。配合【Alt】键，以起始点为中心绘制矩形。配合【Alt＋Shift】键，以起始点为中心绘制正方形。

图1-1-14　基本形状工具组

2. 在绘制矩形过程中，按下空格键，可冻结正在绘制的矩形。

3. 精确绘制矩形。选中"矩形"工具，在页面中任意位置单击鼠标左键，弹出对话框，输入数值，单击【确定】按钮即可。（图1-1-15）

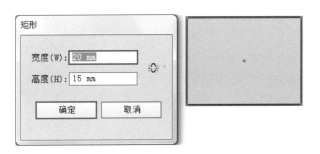

图1-1-15　矩形设置

（二）圆角矩形工具 ▢

说明：绘制圆角矩形和正方形。

操作步骤：快捷用法同"矩形工具"。

1. 在绘制圆角矩形时，配合上下方向键可改变圆角的大小。

2. 配合左右方向键，可直接变为矩形或默认圆角值。在页面中单击，弹出对话框，设置参数（图1-1-16）。

（三）椭圆工具 ◯

说明：绘制椭圆和正圆。选中该工具后单击页面，弹出对话框，可以设置参数。

操作步骤（图1-1-17）：

1. 单击【椭圆工具】，按下【Shift+Alt】键绘制一个正圆并填充颜色（图a）。

图1-1-16　圆角矩形设置

2. 选择工具箱【网格工具】 ▨，在对象合适位置单击，出现一个网格（图b）。按快捷键【A】选择交叉网格点，填充另一浅色（图c）。

3. 按住【Ctrl+C】复制对象，按住【Ctrl+F】粘贴在前面，然后按住【Shift+Alt】键比例缩放对象，重复操作（图d）。

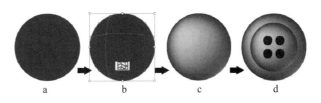

图1-1-17　椭圆绘制的图形

（四）多边形工具 ⬡

说明：绘制多边形。

操作步骤（图1-1-18）：

1. 单击工具箱【多边形工具】工具，在页面中拖动，绘制多边形。

2. 配合【Shift】键，绘制正多边形。配合【Alt】键，以起始点为中心绘制。配合【Alt+Shift】键，以起始点为中心绘制正多边形。

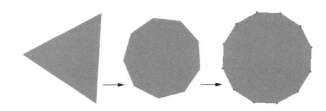

图1-1-18　多边形绘制的图形

3. 绘制多边形时，配合上下方向键可以改变多边形的边数，取值在3～1000之间。

技巧：单击【多边形】工具，按下左键不松手，在页面中拖动，然后单击键盘【上下方向键】可以快速调整多边形边数。

（五）星形工具 ☆

说明：绘制星形。

操作步骤（图1-1-19）：

1. 单击工具箱【星形】工具，在页面中拖动绘制星形。

2. 配合【Shift】键，绘制正的星形。

3. 配合【Alt】键时以中心点绘制，并且星形每个角的"肩线"都在同一条线上。

技巧：单击【星形】工具，按下左键不松手，在页面中拖动，然后单击键盘【上下方向键】，可以快速调整星形边数。

图1-1-19　星形绘制的图形

七、铅笔、钢笔工具组

（一）铅笔工具 ✏ （N）

说明：铅笔工具可以绘制开放路径和闭合路径，就像用铅笔在纸上绘图一样。双击铅笔工具可进行参数设置（图1-1-20）。

图1-1-20　铅笔工具组

操作步骤：

1. 绘制开放路径。单击【铅笔】工具，在页面中拖动，直接绘制。如已经绘制好一个开放的路径，在选中情况下用铅笔工具指向它的一个端点，按下左键继续绘制（图1-1-21）。

2. 绘制闭合路径。单击铅笔工具，在页面拖动，绘制路径。配合【Alt】键，可以绘制闭合路径。

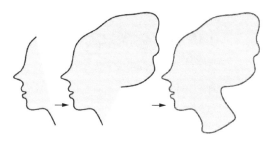

图1-1-21　铅笔工具连续绘制

3. 用"铅笔"工具在闭合路径的某个节点上按下左键，继续绘制，可以使闭合路径变为开放路径。

4. 图1-1-22操作方法：用铅笔工具绘制一条自由路径；用选择工具选中对象，按下【Alt】键，往下移动，在移动的过程中配合【Shift】键可以垂直移动；单击工具箱【混合工具】 🔳 ，在页面中单击上方曲线，然后再单击下方曲线；双击工具箱【混合工具】弹出对话框，在"间距"框中选择"制定的步数"，然后输入数值即可。

图1-1-22　铅笔工具绘制的图形

（二）钢笔工具 ✒ （P）

说明：可以绘制简单的直线、曲线以及由直线和曲线组合的复杂路径，是服装款式绘制的重要工具。

操作步骤：

1. 绘制直线。选择钢笔工具，连续单击即可创建连续的直线。单击【Enter】键结束钢笔操作。按住Ctrl键，切换为选取工具。按住Alt键，切换为转换点工具。在绘制过程中，把钢笔工具移到路径上，可以添加和删除锚点，移至起始点可以闭合路径。

2. 绘制曲线。选择钢笔工具，单击起点，然后移动到结束点上按住鼠标左键不松手，拖出手柄，弧线满意后松开鼠标（图1-1-24）。

3. 闭合路径。将【钢笔】工具定位在第一个（起点）锚点上。如果放置的位置正确，钢笔工具指针旁将出现一个小圆圈 ✒₀，单击鼠标即可。

图 1-1-23　钢笔工具组

绘制C形曲线，向前一条方向线的相反方向拖动，然后松开鼠标按钮。

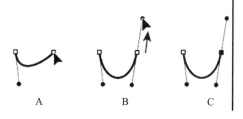

绘制S形曲线，按照与前一条方向线相同的方向拖动，然后松开鼠标按钮。

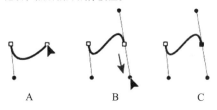

图 1-1-24　绘制不同形式的曲线

（三）添加锚点（＋）和删除锚点（一）

说明：在路径上可以任意添加和删除锚点。

操作步骤：

1. 添加锚点。选择路径，将钢笔工具移至路径上方时，它会变成添加锚点工具单击鼠标即可。或单击【添加锚点】工具，将指针置于路径上后单击。

2. 删除锚点。选择路径。将钢笔工具移至锚点上方时，它会变成删除锚点工具，单击即可。或单击【删除锚点】工具，将指针放在锚点上后单击。

3. 按住【Ctrl】，切换为"选取"工具，按住【Alt】，切换为"转换锚点"工具。

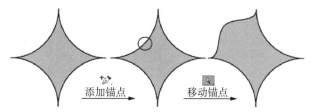

图 1-1-25　添加锚点、移动锚点

（四）转换点工具（Shift＋C）

说明：将路径上的角点和平滑点相互转换。

操作步骤：

1. 选择路径，单击转换锚点工具。

2. 将转换锚点工具定位在要转换的锚点上方，单击平滑点以创建角点，将方向点拖动出角点以创建平滑点（图 1-1-26）。

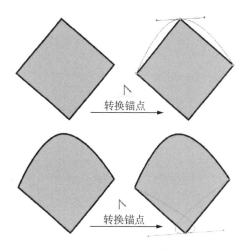

图 1-1-26　转换锚点

八、擦除、分割和连接路径

（一）橡皮擦工具（Shift＋E）

说明：用橡皮擦工具抹除对象。橡皮擦工具不能对网格和文本使用。

操作步骤：

1. 选中对象，单击【橡皮擦】工具。

2. 在要抹除的区域上拖动（图 1-1-27）。

图 1-1-27　橡皮擦擦除对象

（二）路径橡皮擦工具

说明：通过沿路径进行绘制来抹除此路径的各个部分。

操作步骤：

1. 单击【橡皮擦】工具，在路径上拖动即可删除。按住【Ctrl】键，切换为选取工具。按住Alt 键，可切换为平滑工具。

2. 使用该工具不但可以擦除用铅笔工具绘制的路径，而且对钢笔工具、画笔工具绘制的路径同

样有效。(图 1 - 1 - 28)

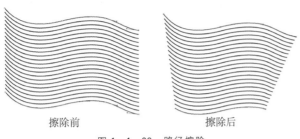

擦除前　　　　　　　擦除后

图 1 - 1 - 28　路径擦除

（三）剪刀工具 ✂ （C）

说明：可以分割路径。

操作步骤：

1. 选中对象，打开"剪刀"工具。

2. 在要断开的描点上单击。用"直接选择"工具移开该锚点。

（四）连接两个端点（Ctrl＋J）

说明：将开放的路径转换成封闭的路径。

操作步骤：

1. 选中需要连接的端点，执行菜单【对象/路径/连接】命令。

2. 或按住快捷键【Ctrl＋J】即可。

九、形状生成器（Shift＋M）

说明：可以生成多个不同的新对象，对开放的路径和图形都有效。

操作步骤：

1. 选中两个以上的对象。

2. 单击工具箱【形状生成器】工具，然后直接单击需要保留的新对象，按住【Alt】键可以删除对象。

3. 图 1 - 1 - 29 操作步骤。单击【椭圆】工具；按住【Shift】键绘制一个正圆，执行菜单【视图/标尺/显示标尺】，鼠标放在标尺上不松手，在对象边缘拖出四条辅助线（图 a）。然后按住【Alt】键移动复制对象至辅助线的四个角点（图 b）。选择【形状生成器】工具，鼠标移至的新对象会显示网格，单击鼠标即生成，按住【Alt】键单击新对象即被删除，得到新图形，填充颜色（图 c）。

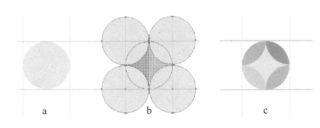

图 1 - 1 - 29　形状生成器应用效果

第二节　常用图形对象处理工具

一、编组和扩展对象

（一）编组和取消编组（Ctrl＋G/Shift＋Ctrl＋G）

说明：编组是将若干个对象合并到一个组中，作为一个单元同时进行处理。

操作步骤：

1. 选择要"编组"或"取消编组"的对象。

2. 鼠标右键单击"编组"或"取消编组"命令。

3. 或者执行菜单【对象/编组】或【对象/取消编组】命令。

（二）扩展对象

说明：扩展对象是将单一对象分割成若干个对象，这些对象共同组成其外观。

操作步骤：

1. 选择对象，执行【对象/扩展】命令，弹出对话框。

3. 在对话框设置选项后，单击【确定】。

图 1 - 2 - 1　菜单

扩展前　　　　　　扩展后

图1-2-2　扩展对象

二、移动、对齐和分布对象

（一）移动对象

说明：移动对象。

操作步骤：

1. 用【选择】或【直接选择】工具拖动对象。用键盘上的方向键移动对象。

2. 选中对象，单击【Enter】键，在弹出的对话框中输入数值可以精确移动对象。

技巧：使用智能参考线、对齐点和对齐网格命令可以帮助定位对象。

（二）对齐和分布对象

说明：沿着指定的轴线对齐和分布对象

操作步骤：

1. 选择两个或两个以上对象，直接单击属性栏中的【对齐和分布】按钮。

2. 或者执行菜单【窗口/对齐】命令快捷键【Shift＋F7】，弹出面板。单击面板中的【对齐】或者【分布】按钮即可。（图1-2-3）

特性：必须要选中两个或两个以上的对象，属性栏才会弹出【对齐面板】按钮。

图1-2-3　选中两个以上对象才会弹出对齐面板按钮

三、旋转和镜像对象

（一）旋转对象

说明：使对象围绕指定的固定点翻转。默认的参考点是对象的中心点。

操作步骤：

1. 定界框旋转对象。使用【选择】▶工具，选择一个或多个对象，将鼠标指针移近一个定界框角点，待指针形状变为↰之后再拖动鼠标即可任意旋转（图1-2-4）。

2. "自由变换"工具旋转对象。选择对象后，单击【自由变换】▨工具。

3. 使用"旋转工具"旋转对象。选择一个或多个对象。单击工具箱【旋转】↻工具。若要围绕其中心点旋转，在窗口任意位置拖动鼠标即可（图1-2-5）。若要围绕其他参考点旋转，先单击任意一点作为参考点，然后将指针从参考点移开，拖动鼠标即可。若要旋转对象的副本，而非对象本身，在开始拖动之后按住【Alt】键。

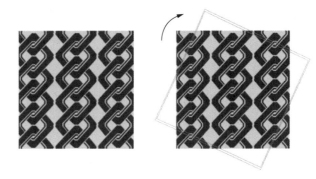

图1-2-4　定界框旋转

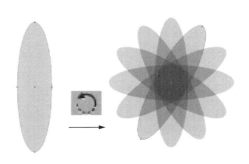

图1-2-5　旋转工具旋转

5. 图1-2-7操作步骤：选择【椭圆】工具绘制一个椭圆，单击工具箱【旋转】工具，按住【Alt】键单击椭圆下方锚点，作为新的旋转中心点，弹出对话框（图1-2-6），设置角度为20°，单击【复制】按钮，然后多次单击【Ctrl＋D】键，再次复制对象即可。全选对象，单击【混合模式/正片叠底】，得到效果。

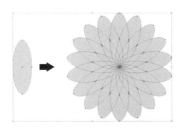

图 1-2-6 旋转设置

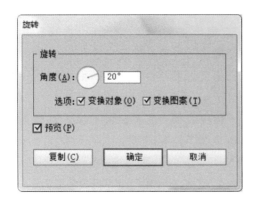

图 1-2-7 旋转复制对象

（二）镜像对象

说明：为指定的不可见的轴翻转对象。

操作步骤：

1. 针对对象本身中心点镜像。选择对象，双击工具箱【镜像】工具，弹出对话框（图 1-2-8），选择镜像轴，然后单击【复制】或者【确定】按钮。

2. 针对其他参考点镜像。选择对象，单击【镜像】工具，按住 Alt 键，在页面中任意位置单击对称轴，弹出对话框，选择镜像轴，然后单击【复制】或者【确定】按钮。（图 1-2-9）

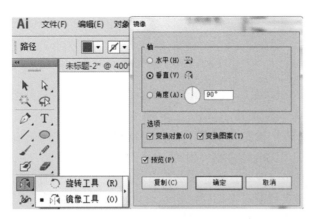

图 1-2-8 镜像设置

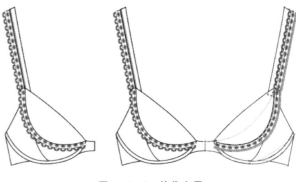

图 1-2-9 镜像应用

四、复制、锁定和隐藏对象

（一）复制对象

说明：对选定的对象进行复制。

操作步骤：

1. 用【选择】【直接选择】或【编组选择】工具选择一个或多个对象，然后按住【Alt】键，移动所选对象到新的位置即可以复制。

2. 在复制完一个对象后，按住【Ctrl＋D】，可以再次复制。

（二）锁定对象

说明：锁定对象，可防止对象被选择和编辑。

操作步骤：

1. 选择一个或多个对象，执行菜单【对象/锁定/所选对象】命令，快捷键【Ctrl＋2】。（图 1-2-10）

3. 按住【Alt＋Ctrl＋2】解锁。

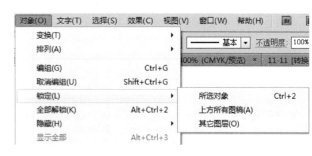

图 1-2-10 锁定菜单

（三）隐藏对象

说明：对选定的对象进行隐藏。

操作步骤：

1. 选择一个或多个对象，执行菜单【对象/隐藏/所选对象】命令，快捷键【Ctrl＋3】。或者单击"图层"面板中的眼睛图标。

2. 按住【Alt＋Ctrl＋3】，显示对象。

五、变换

说明：是针对所选对象进行移动、旋转、镜

像、缩放和倾斜的操作。

操作步骤：

1. 选中对象，执行菜单【对象/变换】中的各项命令。(图 1 - 2 - 11)

图 1 - 2 - 11 变换菜单

2. 或者选中对象后，执行菜单【窗口/变换】命令快捷键【Shift＋F8】，或者单击属性栏中【变换】按钮，弹出面板，设置参数后，单击【Enter】键。(图 1 - 2 - 12)

图 1 - 2 - 12 变换窗口

3. 还可以拖动选区的定界框来完成多种变换类型。图 1 - 2 - 14 操作方法：选中对象后执行菜单【对象/变换/缩放】命令，弹出对话框，等比50％，"勾选"变换图案，然后单击"确定"按钮即可。(图 1 - 2 - 13)

图 1 - 2 - 13 缩放对话框

原尺寸效果　　等比缩放50%效果　　等比缩放20%效果

图 1 - 2 - 14 图案比例缩放效果

六、缩放

说明：对象沿水平或垂直方向放大或缩小。

操作步骤：

1. 使用定界框缩放对象。用【选择】工具，选择一个或多个对象，然后拖动定界框手柄，直至对象达到所需大小。在对角拖动时按住【Shift】键，可以保持对象的比例。按住【Alt】键相对于对象中心点进行缩放。

2. 使用缩放工具缩放对象。选择一个或多个对象，单击【缩放】工具🔲。在对象任意位置拖动鼠标，可以相对于对象中心点缩放。

3. 将对象缩放到特定宽度和高度。选择一个或多个对象，在【变换】面板的"宽度"和"高度"框中输入数值。要保持对象的比例，请单击锁定比例按钮。然后单击【Enter】键。

七、倾斜对象

说明：沿水平或垂直轴，或相对于特定轴的特定角度，倾斜或偏移对象。在倾斜对象时，可以锁定对象的一个维度，还可以同时倾斜一个或多个对象。倾斜对于创建投影十分有用。

操作步骤：

1. 选择一个或多个对象，执行【对象/变换/倾斜】命令，或者双击【倾斜】工具🔲，弹出对话框 (图 1 - 2 - 15)。在"倾斜"对话框中，输入倾斜角度值，选择倾斜轴。如果对象包含图案填充，请选择"图案"以移动图案。如果只想移动图案而不想移动对象的话，请取消选择"对象"。单击"确定"或"复制"按钮。

2. 或者选中对象后，单击【倾斜】工具🔲，然后拖动对象锚点即可倾斜。按住【Alt】键，单击窗口中要作为参考点的位置，同样可以弹出对话框。(图 1 - 2 - 16)

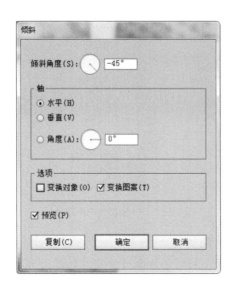

图 1 - 2 - 15 倾斜设置

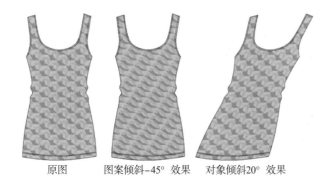

原图　　　图案倾斜-45°效果　　　对象倾斜20°效果

图 1 - 2 - 16 倾斜应用效果

八、扭曲对象

说明：使用自由变换工具扭曲对象。

操作步骤：

1. 使用自由变换工具扭曲对象。先选择对象，然后单击工具箱【自由变换】工具 ，拖动定界框上的角手柄（不是侧手柄），按住【Ctrl】键，直至所选对象达到所需的扭曲程度。或者按住【Shift + Alt + Ctrl】达到透视扭曲。

2. 使用封套扭曲对象。选择对象，执行菜单【对象/封套扭曲/用变形建立】命令。在"变形选项"对话框中选择一种变形样式。或者执行菜单【对象/封套扭曲/用网格建立】命令。在"封套网格"对话框中设置行数和列数。或者执行菜单【对象/封套扭曲/用顶层对象建立】命令（图1 - 2 - 17）。

3. 使用"直接选择"或"网格"工具拖动封套上的任意锚点。选择锚点，按【Delete】键删除锚点。

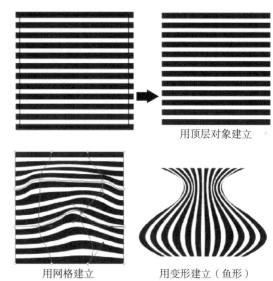

用顶层对象建立

用网格建立　　　　　用变形建立（鱼形）

图 1 - 2 - 17 不同的封套扭曲

九、路径查找器

说明：将所选对象组合成多种新的形状。

操作步骤：

1. 选中至少两个以上的对象。按下【Shift＋Ctrl＋F9】打开"路径查找器"面板（图1 - 2 - 18）。

2. 单击面板中任意一个"形状模式"按钮。包括有联集、减去顶层、交集、差集、分割、修边、合并、裁剪、轮廓、减去后方对象。

图 1 - 2 - 18 路径查找器面板

◆ 联集：描摹所有对象的轮廓。

◆ 减去顶层：从最后面的对象中减去最前面的对象。

◆ 交集：描摹被所有对象重叠的区域轮廓。

◆ 差集：描摹对象所有未被重叠的区域，并使重叠区域透明。

◆ 分割：将一份图稿分割为作为其构成成分的填充表面。

◆ 修边：删除已填充对象被隐藏的部分，不会合并相同颜色的对象。

◆ 合并：删除已填充对象被隐藏的部分，会合并相同颜色或重叠的对象。

◆ 裁剪：将图稿分割为作为其构成成分的填充表面，然后删除图稿中所有落在最上方对象边界之外的部分。

◆ 轮廓：将对象分割为其组件线段或边缘

◆ 减去后方对象：从最前面的对象中减去后面的对象。

第三节　服装绘制常用工具

一、画笔工具

说明：画笔库中的书法、散布、艺术、图案和毛刷画笔工具对于服装绘画非常重要，使用这些画笔可以达到丰富的视觉效果。除了画笔库中自带的画笔之外，还可以根据设计需要创建专属个人的新画笔。

操作步骤：

1. 选择对象，单击【画笔】面板中的【画笔库菜单】按钮，打开画笔库，挑选任意一种画笔单击即可（图1-3-1、图1-3-2）。

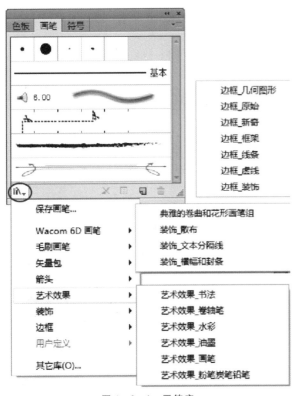

图1-3-1　画笔库

书法画笔　散点画笔　艺术画笔　图案画笔　毛刷画笔

图1-3-2　各种画笔应用效果

2. 修改画笔。双击【画笔】面板中画笔，弹出【画笔选项】对话框，通过设置可以修改画笔大小、间距、分布等参数（图1-3-3）。

3. 创建新画笔。选择对象，单击【画笔】面板中的"新建画笔"按钮，或者将对象直接拖到【画笔】面板中，弹出对话框（图1-3-4），选择一种画笔类型，单击【确定】后弹出【画笔选项】对话框（图1-3-5），设置参数，单击【确定】按钮。新画笔出现在【画笔】面板中（图1-3-6）。

4. 将画笔描边转换为轮廓。选择一条用画笔绘制的路径，执行菜单【对象/扩展外观】命令。

5. 图1-3-7操作方法：在画笔面板中选择一个画笔（step1），在工具箱中单击【画笔工具】（step2），在上方属性栏【描边】框中选择"描边粗细"为2pt（step3），在页面中拖动绘制一个花纹路径，完成后执行菜单【对象/扩展外观】命令，拖动锚点，可以修改造型。

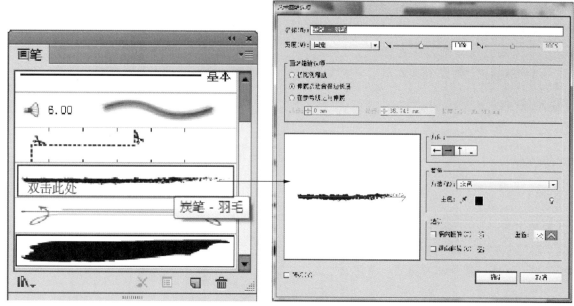

图1-3-3　修改画笔

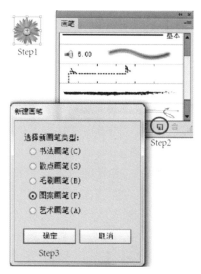

图1-3-4　新建画笔

图1-3-5　画笔选项设置

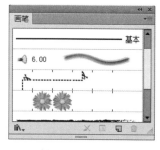

图1-3-6　新画笔出现

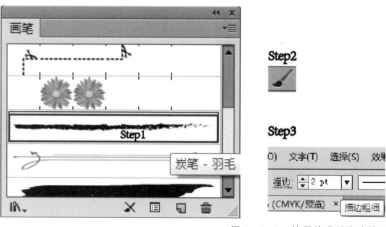

图1-3-7　扩展外观后修改效果

二、对象描边

说明：使用【描边】面板可以指定线条是实线还是虚线，改变描边粗细、描边对齐方式、斜接限制以及线条连接和线条端点的样式等。如果是虚线，还可以设置虚线次序。

操作步骤：

1. 选中对象，执行【窗口/描边】命令，快捷键【Ctrl＋F10】，打开描边面板（图1-3-8），在面板中进行设置即可。

2. 创建虚线。选中对象，在【描边】面板中勾选"虚线"（图1-3-9），通过输入短划的长度和短划间的间隙来指定虚线次序。选择端点选项可更改虚线的端点。"平头端点"选项用于创建具有方形端点的虚线；"圆头端点"选项用于创建具有圆形端点的虚线；"方头端点"选项用于扩展虚线端点（图1-3-10）。设置虚线后，选择不同的配置文件会有不同的外观效果。（图1-3-11）

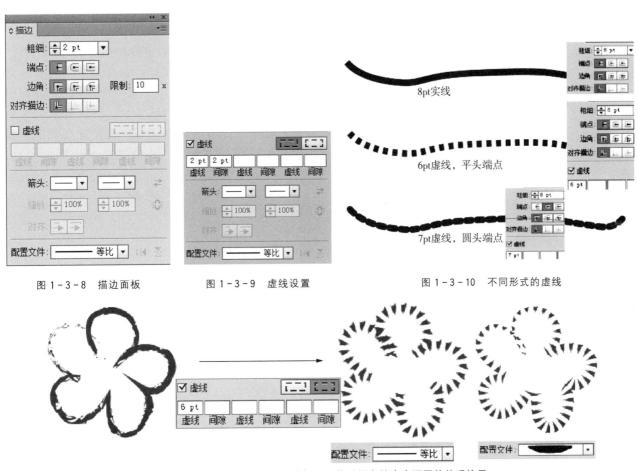

图1-3-8　描边面板　　　图1-3-9　虚线设置　　　　图1-3-10　不同形式的虚线

图1-3-11　设置虚线后，选择不同的配置文件会有不同的外观效果

三、渐变填充

说明：渐变填充可以通过窗口中的【渐变】面板（图1-3-12）和工具箱的【渐变】工具（图1-3-13）来实现。这两种方式都可以指定色标的数目和位置、颜色显示的角度、椭圆渐变的长宽比以及每种颜色的不透明度。

操作步骤：

1.【渐变】面板填充。选中对象，执行菜单【窗口/渐变】命令，快捷键【Ctrl＋F9】打开"渐变"面板（图1-3-14），在面板中设置渐变颜色、渐变类型、角度和不透明度等（图1-3-15）。

图1-3-12　渐变面板

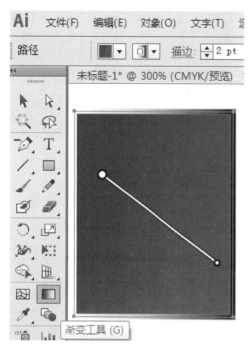

图 1-3-13　渐变工具

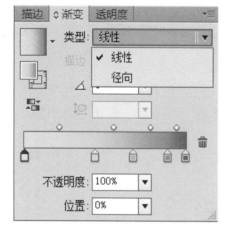

图 1-3-14　渐变面板

图 1-3-15　渐变填充效果

2.选中对象，单击工具箱【渐变】工具 ，然后在对象上拖动鼠标即可。

四、混合工具 （W）

说明：可以混合对象以创建形状，也可以混合两个开放的路径，在对象之间创建平滑的过渡；或组合颜色和对象的混合，在特定对象形状中创建颜色过渡。创建混合之后，就会将混合对象作为一个对象看待。移动其中一个原始对象，或编辑原始对象的锚点，则混合对象将会随之变化。此外，原始对象之间混合的新对象不会具有其自身的锚点，可以扩展混合，以将混合分割为不同的对象。

操作步骤：

1.选中两个原始对象，单击工具箱【混合工具】，回到页面，分别在原始对象上单击即可。

2.双击【混合工具】，弹出对话框，根据要求设置参数（图 1-3-17）。

3.图 1-3-18 操作方法。首先打开一幅矢量款式（图 a），用【选择】工具选中裙身，按住【Alt】键复制并移开（图 b）。选择工具箱【剪刀工具】快捷键【C】在裙身轮廓锚点上单击，删除侧缝线（图 c）。

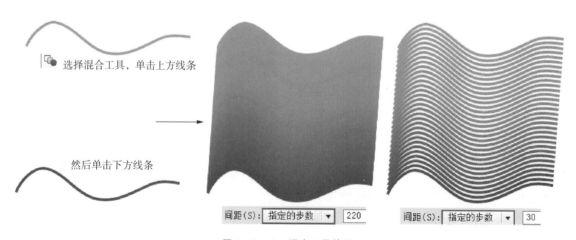

选择混合工具，单击上方线条

然后单击下方线条

间距(S)：指定的步数 ▼ 220

间距(S)：指定的步数 ▼ 30

图 1-3-16　混合工具效果

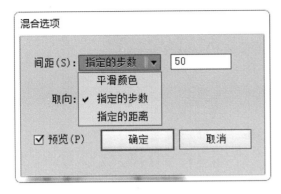

图 1-3-17 混合选项设置

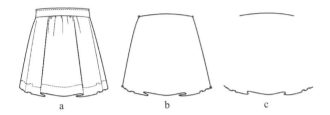

图 1-3-18 裁剪对象

4. 见图 1-3-19 中。选中工具箱【混合工具】,分别单击两条线段,得到效果(图 d)。将图 d 移回至图 a 中,双击【混合工具】打开选项对话框,重新调整"步数"。然后用【直接选择】工具快捷键【A】,调整原始弧线至满意效果(图 e)。根据设计需要还可以增减衣纹褶皱线。重复操作,完成腰头部位的填充,得到最后效果(图 f)。

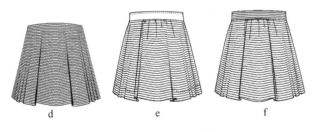

图 1-3-19 混合调整

五、不透明度与混合模式

说明:可以使用【透明度】面板来指定对象的不透明度和混合模式(图 1-3-20),创建不透明蒙版,或者使用透明对象的上层部分来挖空某个对象的一部分。混合模式可以用不同的方法将对象颜色与底层对象的颜色混合。

操作步骤:

1. 选中一个对象,执行菜单【窗口/透明度】快捷键【Shift+Ctrl+F10】,打开透明度面板,在面板中调整透明度即可。

2. 单击"混合模式",在下拉菜单中选择一种模式(图 1-3-21)。

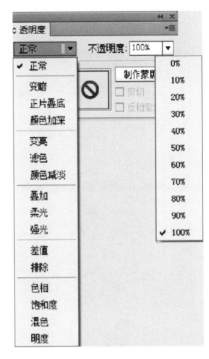

图 1-3-20 透明度面板

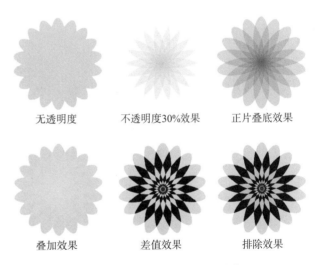

无透明度　　　　不透明度30%效果　　　　正片叠底效果

叠加效果　　　　差值效果　　　　排除效果

图 1-3-21 不透明度和混合模式效果

六、创建图案

说明:可以轻松创建无缝拼贴的矢量图案,使服装面料及印花图案设计方便快捷。

操作步骤:

1. 选中对象,执行菜单【对象/图案/建立】命令,页面中出现平铺的图案(图 1-3-22),同时弹出对话框,可以设置名称、拼贴类型、图案大小等参数,完成后单击上方【完成】按钮
【＋存储副本　✔完成　◎取消】。(图 1-3-23)

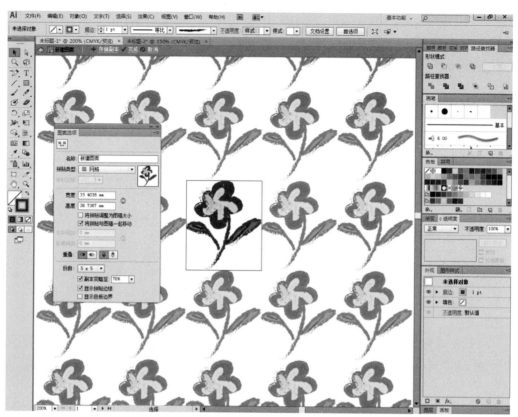

图 1 - 3 - 22　建立图案后的界面

图 1 - 3 - 23　设置不同参数后的效果

2. 打开【色板】面板（图 1 - 3 - 24），图案已经被置入进来。

3. 案例操作：选中单元图案对象，执行菜单【对象/图案/建立】命令，在弹出的"图案选项"对话框中，选择需要的拼贴类型，合适后单击上方【完成】按钮。然后选中需要填充的对象，单击【色板】面板中的新图案，即被植入（图 1 -3 -25）。

图 1 - 3 - 24　新图案在色板中显示

图 1 - 3 - 25　不同拼贴类型的图案填充效果

本章小结

　　Illustrator CS6 的基本工具是服装绘图设计的基础，本章主要介绍 Illustrator CS6 线条工具、基本形状工具、对象调整与修改、画笔与填充等基础知识，为后面章节的绘画设计工作打下基础。操作技巧提示：

　　1. 单击【多边形】工具，按下左键不松手，在页面中拖动，然后单击键盘【上下方向键】可以快速调整多边形边数。

　　2. 选择工具箱【螺旋线】工具 ◎，按住上下方向键，可增大或减少螺旋圈数。在绘制过程中按下空格键，可冻结正在绘制的螺旋线。

　　3. 形状生成器 ◎ 可以生成多个不同的新对象，对开放的路径和图形都有效。

　　4. 按下【Shift＋Ctrl＋F9】打开"路径查找器"面板。

　　5. 按住【Ctrl＋2】可以锁定一个或多个对象，按住【Alt＋Ctrl＋2】解锁对象。

　　6. 按住【Ctrl＋3】可以隐藏一个或多个对象，按住【Alt＋Ctrl＋3】显示对象。

　　7. 执行菜单【对象/图案/建立】命令，可以轻松创建无缝拼贴的矢量图案。

　　8. 绘图时，打开智能参考线、对齐点和对齐网格命令，可以帮助定位对象。

思考练习题

　　1. 如何对齐和分布图形对象？

　　2. 如何更改渐变颜色？

　　3. 如何调整对象的不透明度？

4. 如何精确移动、复制对象？

5. 完成下图的绘制。知识要点：图 a 使用【圆形】【星型】【多边形】工具绘制图形，然后执行垂直居中和水平居中对齐。图 b 在图 a 的基础上使用【形状生成器】工具 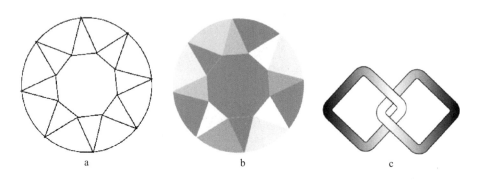，将每个区域生成独立的图形对象并填充即可。图 c 使用【圆角矩形工具】绘制矩形，将描边设置为 10pt，然后执行【对象/扩展】命令，打开【路径查找器】面板，执行相关操作即可。

a   b   c

第二章

Illustrator 服装色彩设计

　　在服装产品开发的过程中，从流行色提炼，产品策划方案主色的确立，开发过程款式、印花、图案色彩的搭配到卖场色彩的陈列，色彩设计贯穿于每一个细节。Illustrator 如何准确无误地将色彩从色卡导入到电脑中，然后又精确地传递给下一个环节（如印花加工），是本章节主要解决的问题。在服装企业普遍采用的国际潘通色卡是 PANTONE TPX（服装家居纸板）和 PANTONE TCX（服装家居棉布板）。

第一节　Illustrator 基本色彩工具

Illustrator 可以通过【拾色器】、【颜色】面板、【色板】面板、【编辑/编辑颜色/重新着色图稿】来应用和填充颜色。

一、拾色器

在【工具】面板或【颜色】面板中双击填充颜色或描边颜色选框（图2-1-1），

打开颜色显示器（图2-1-2），鼠标在色域中单击或拖动选择颜色，圆形标记指示色域中颜色的位置。在色谱中拖动小三角形或单击滑块可以选择色域。

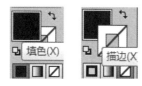

图2-1-1　填充与描边控件

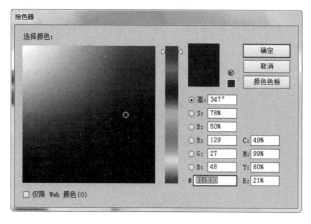

图2-1-2　拾色器

二、【颜色】面板

执行【窗口/颜色】打开"颜色"面板（图2-1-3），可以将颜色应用于对象的填充和描边，还可以编辑和混合颜色。单击右上角的【面板菜单】按钮，可以选择不同颜色模型显示（图2-1-4）。

"颜色参考"面板（图2-1-5）会基于"工具"面板中的当前颜色建议协调颜色。可以使用这些颜色对图稿进行着色，也可以将其存储为"色板"面板中的色板或色板组（面板菜单/将颜色存储为面板）。

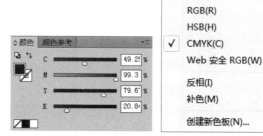

图2-1-3　"颜色"面板　　图2-1-4　面板菜单

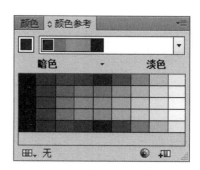

图2-1-5　颜色参考面板

三、【色板】面板

执行【窗口/色板】打开"色板"面板（图2-1-6），可控制所有文档的颜色、渐变和图案，可以自由地在面板中添加色板、删除色板或编辑色板。当选择的对象的填充或描边包含从"色板"面板应用的颜色、渐变、图案或色调时，所应用的色板将在"色板"面板中突出显示。通过【面板菜单】按钮可以打开色板库，色板库是预设颜色的集合，包括油墨库（如 PANTONE）和主题库（如迷彩、自然、希腊和宝石）（图2-1-7）。

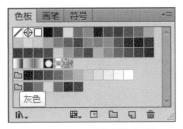

图 2 - 1 - 6　"色板"面板

图 2 - 1 - 7　面板菜单

【色板】面板或【颜色参考】面板中的【重新着色图稿】按钮 ⚫，或者执行菜单【编辑/编辑颜色/重新着色图稿】命令，打开对话框（图 2 - 1 - 8），可以方便地对选定图稿中的颜色进行全局调整。这对服装的配色非常有效，将在本章第三节详细讲解。

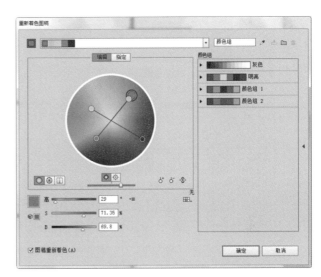

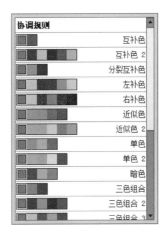

图 2 - 1 - 8　重新着色图稿对话框

四、重新着色图稿对话框

在选择对象后，当通过单击【控制】面板、

第二节　产品开发专用色盘的建立

在产品开发的过程中，每季度新产品都应该有专属色盘，色盘中的色彩与精确的潘通色彩编号一一对应，方便设计师在进行款式、图案和印花设计时的配色处理。同时，由于每台设备会按照自己的色彩空间解释 RGB 和 CMYK 值，图像颜色的显示会有差异，但这种差异也必须要求有一个统一的色盘，来确保不同设计师对本季度产品颜色的把控。

一、新建专用色盘

1. 先在电脑上安装随书赠送的 PANTONE 电子版。将 PANTONE 电子版文件夹拷贝到电脑，双击打开文件夹，双击"PANTONE（R）colorist. exe"文件，图标出现在桌面右下角 ▣，右键单击图标，弹出子菜单（图2-2-1），选择"TCX"，桌面出现潘通色卡窗口（图2-2-2），安装完成。

XXX2016秋冬色卡

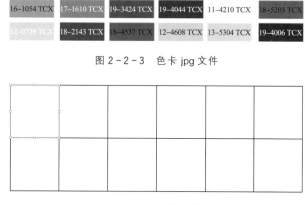

图2-2-3　色卡jpg文件

图2-2-1　选择色卡类型

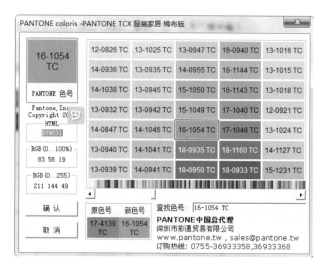

图2-2-4　生成独立的方格

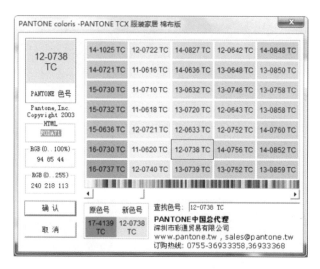

图2-2-2　潘通色卡窗口

2. 启动 Illustrator cs6，按住【Ctrl＋O】打开"xxx2016秋冬色卡．jpg"文件，文件中的色彩只有潘通色号（图2-2-3）。

3. 单击【画板】面板中的【新建】按钮，新建一个画板。单击工具箱【网格】工具，按住鼠标不松手在页面中拖动，配合键盘【上下左右】方向键调整网格数，绘制一个网格。鼠标右键单击执行【取消编组】，然后全选对象，单击【形状生成器】工具，然后单击每个方格即可生成（图2-2-4）。

4. 选中页面中的一个正方形，切换到"潘通色卡窗口"，在"查找色号"框中输入"16-1054"，复制窗口中该颜色的"HTML"编号，或者记录RGB数值（图2-2-5）。

图2-2-5　查找颜色

5. 切换至 Illustrator 页面，双击"填充"按钮，弹出"拾色器"窗口（图2-2-6），在【♯】框中按住【Ctrl＋V】粘贴"HTML"编号，单击【确定】按钮。重复操作，将每个颜色填充在方格中（图2-2-7）。

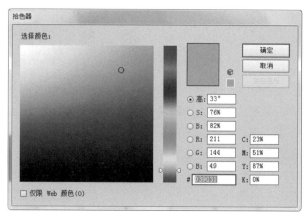

图2-2-6　拾色器

图 2 - 2 - 7　显示查找的颜色

6. 全选色彩，单击【色板】面板右上角【面板菜单】按钮 ，在下拉菜单中单击"添加选中的颜色"，此时所选颜色出现在色板中。

7. 修改颜色名称。双击【色板】中的颜色方块，弹出"色板选项"对话框，在色板名称中输入"中文名字＋潘通色号"，方便后面绘图过程中随时查询颜色。重复操作，给每个颜色修改名称（图2-2-8）。

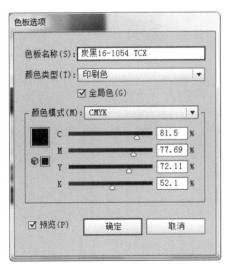

图 2 - 2 - 8　修改颜色名称

8. 单击【色板】面板右上角【面板菜单】按钮 ，在下拉菜单中单击"将色板库存储为 AI"，弹出"另存为"对话框，设置文件名为"2016 秋冬色卡－01.ai"，单击【确定】完成。

二、打开新色盘

1. 按住【Ctrl＋N】新建一个文件。单击【色板】右上角【面板菜单】按钮 ，在下拉菜单中单击"打开色板库/其他库"，弹出文件路径对话框（图2-2-9）。

2. 找到保存的文件，单击【确定】按钮，新色板出现在页面中（图 2 - 2 - 10）。

图 2 - 2 - 9　打开文件

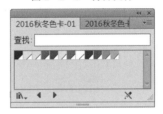

图 2 - 2 - 10　新色板

三、应用新色盘

1. 单击工具箱【椭圆】工具绘制一个 2cm× 2cm 的正圆，用【形状生成器】工具生成新的图形，步骤参照第一节中的图 1 - 1 - 11，挑选新色盘的颜色进行单色填充（图 2 - 2 - 11 中 a）。

2. 选择中间对象，按住【Ctrl＋C】复制，接着按住【Ctrl＋F】贴在前面，然后按住【Shift＋Alt】键将其成比例往中央缩放，并填充颜色（图 2 - 2 - 11 中 b）。

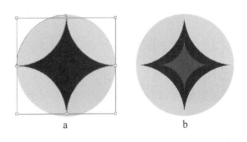

图 2 - 2 - 11　绘制单元图形

3. 精确移动对象。全选对象，双击工具箱【选择】工具，弹出"移动"对话框，在"水平"框中输入 2，"垂直"框中输入 0，单击【复制】按钮。再次全选对象，双击工具箱【选择】工具，弹出"移动"对话框,在"水平"框中输入 0,"垂直"框中输入 2,得到效果(图 2-2-12 中 c)。

4. 在中间镂空部分继续复制填充一个菱形对象(图 2-2-12),完成后按住【Ctrl+G】编组对象。选择【矩形】工具绘制一个 2cm×2cm 的正方形,去掉描边和填充，然后右键单击执行【排列/置于底层】,并与编组后的对象执行【水平居中对齐】和【垂直居中对齐】。完成后将整个对象拖放至【色板】面板中,生成新的色板图案(图 2-2-13)。

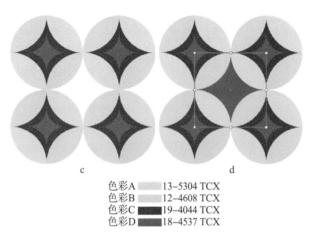

色彩A 13-5304 TCX
色彩B 12-4608 TCX
色彩C 19-4044 TCX
色彩D 18-4537 TCX

图 2-2-12 组合单元图形

5. 选择【矩形】工具绘制一个 20cm×20cm 的正方形,单击【色板】中的新图案,对象被填充进来(图 2-1-14)。

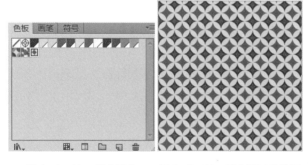

图 2-2-13 新建图案　　图 2-2-14 填充新图案效果

6. 设计多个配色方案。在产品设计与开发的过程中,往往需要有多种配色方案,以达到丰富产品,满足消费的多样化需求。在进行配色设计时,每个方案要遵循色彩数量相等,相同色彩位置统一的原则。

7. 用【选择】工具选中图 2-2-12 中 d,按住【Alt】键复制并移开,按住【Ctrl+2】锁定对象。双击工具箱【魔棒】工具,弹出对话框,设置魔棒"容差"为 10,回到图 2-2-12 中 d,在任意颜色上单击,相同颜色被全部选中(图 2-2-15),然后在

【色板】中单击另外的颜色,所选区域即被新颜色替换(图 2-2-16)。

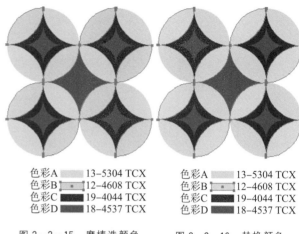

色彩A 13-5304 TCX　　色彩A 13-5304 TCX
色彩B 12-4608 TCX　　色彩B 12-4608 TCX
色彩C 19-4044 TCX　　色彩C 19-4044 TCX
色彩D 18-4537 TCX　　色彩D 18-4537 TCX

图 2-2-15 魔棒选颜色　　图 2-2-16 替换颜色

8. 重复上一步操作,完成其他颜色的替换,修改色号名称(图 2-2-17)。将其拖放至【色板】中,建立新的色板图案,应用效果(图 2-2-18)。

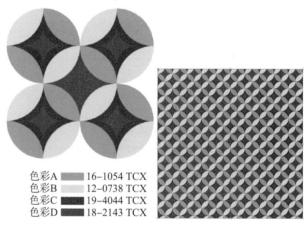

色彩A 16-1054 TCX
色彩B 12-0738 TCX
色彩C 19-4044 TCX
色彩D 18-2143 TCX

图 2-2-17 替换颜色后效果　图 2-2-18 填充新图案效果

9. 重复第 7、第 8 步骤,增加另外一个配色方案(图 2-2-19)。

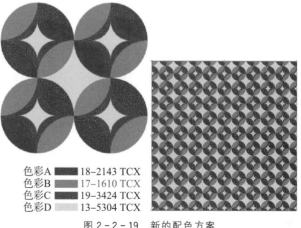

色彩A 18-2143 TCX
色彩B 17-1610 TCX
色彩C 19-3424 TCX
色彩D 13-5304 TCX

图 2-2-19 新的配色方案

第三节　服装色彩配色设计

一、颜色替换

在服装色彩配色中，颜色替换是经常要应用的一种手段，在设计过程中要通过颜色替换甄选出最优的配色方案和设计效果。款式相同、颜色不同，颜色相同、放置位置不同，都能产生不同的视觉效果。

（一）指定颜色替换操作

1. 在色板中创建用来替换的颜色。单击【色板】面板中"新建颜色组"按钮 📂 ，弹出对话框（图 2-3-1），命名为"替换色"，单击【确定】按钮。

2. 双击"填充"按钮控件，打开拾色器，将需要的颜色拖放至"替换色"组中（图 2-3-2）

图 2-3-1　新建颜色组

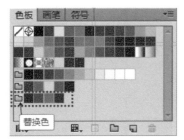

图 2-3-2　将颜色拖放至颜色组中

3. 绘制一个图形创建成"色板"，操作方法参见第二节中图 2-2-12。或者从【色板库】中调用一个图形，单击"色板库"菜单按钮 🔳，在下拉菜单中单击【图案/装饰/Vonster 图案】，将"摇摆"图案拖放至页面中。

4. 选择【魔棒】工具，单击原稿中的颜色，然后单击【色板】中的替换颜色即可。按住【V】键选中对象，右键单击【取消编组】，然后单击对

象中的定界框，按住【Ctrl＋C】复制定界框，按住【Ctrl＋F】将其贴在前面，然后填充颜色在原稿上增加一个底色（图 2-3-3）

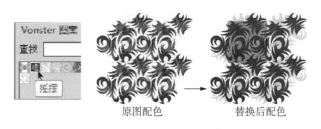

原图配色　　　　替换后配色

图 2-3-3　用魔棒工具选择对象替换颜色

5. 全选对象，将其拖放至【色板】面板中，用【矩形】工具绘制两个 10cm×10cm 的正方形，单击【色板】中的图案进行填充（图 2-3-4）。

原图填充效果　　　　颜色替换后填充效果

图 2-3-4　填充效果

（二）随机颜色替换操作

随机颜色替换主要是应用"重新着色图稿对话框"来完成，根据对话框中的相关设置可以快速、直观地改变颜色。

1. 用【选择】工具选中填充后的对象，单击【控件】面板中"重新着色图稿"按钮 🔘，或者单击【颜色参考】面板中"编辑或应用颜色"按钮 🔘，打开"重新着色图稿"对话框（图 2-3-5）。

2. 在对话框中选择"协调规则"按钮下拉菜单中的配色，可以直接应用，或者单击【随机更改颜色】按钮 🔡。也可以通过"编辑"选项卡（图 2-3-6）移动色轮上的颜色标记来编辑颜色，可以获得不同的配色效果（图 2-3-7）。

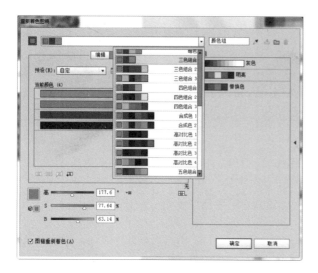

图 2 - 3 - 5　对话框

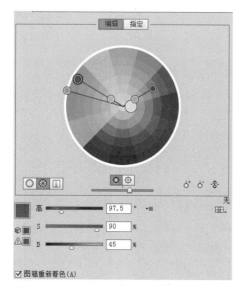

图 2 - 3 - 6　"编辑"选项卡

原稿	效果一
效果二	效果三

效果四	效果五

图 2 - 3 - 7　随机配色效果

3. 调入一张矢量款式图，选中填充对象后，选择工具箱【吸管工具】 ✐，单击任意填充效果，得到图形（图 2 - 3 - 8）。

图 2 - 3 - 8　应用在服装上的效果

二、色彩设计

色彩设计是丰富服装产品、降低生产成本的最有效手段。同一个款式可以是颜色色号相同、颜色数量相等，但可通过改变色彩的放置位置来求得变化；也可以是颜色色号不同，但颜色数量相等。

1. 单击【面板菜单/打开色板库/图案/装饰/Vonster 图案】，将"小白花"图案拖放至页面中（图 2 - 3 - 9），右键单击执行【取消编组】。根据设计将色彩 A、色彩 B、色彩 C 替换原来的色彩，选

择"正片叠底"的混合模式。用【选择】工具选中定界框，按住【Ctrl＋C】复制定界框，按住

【Ctrl＋F】将其贴在前面，然后填充色彩 D，在原稿上增加一个底色（图 2－3－10）。

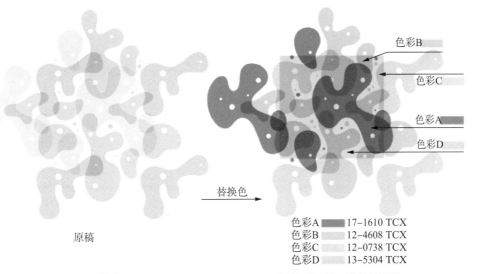

色彩B
色彩C
色彩A
色彩D

替换色

色彩A ▰▰▰ 17－1610 TCX
色彩B ▰▰▰ 12－4608 TCX
色彩C ▰▰▰ 12－0738 TCX
色彩D ▰▰▰ 13－5304 TCX

原稿

图 2－3－9　原稿

图 2－3－10　换色后图形

2. 全选对象，将其拖放至【色板】面板中，创建一个新的图案色板。打开一幅矢量款式图，然后单击【色板】面板中的图案，进行填充（图 2－3－11）。

图 2－3－11　图案填充

3. 填充的图案大小如果觉得不满意，执行菜单【对象/变换/缩放】命令，弹出对话框（图 2－3－12），设置"等比"缩放比例为 120%，去掉"变换对象"的勾选，单击【确定】按钮。

4. 选中袖子部分，然后选择工具箱【吸管工具】✒，单击衣身图案，填充袖子。单色填充领圈和袖口，细节调整完成（图 2－3－13）。

5. 全选对象，单击【控件】面板中的【重新着色图稿】按钮 ⊛，弹出对话框，点击"当前颜色"下方的"随机更改颜色顺序"按钮 ⇄，将会改变颜色的位置，出现不同的配色效果（图 2－3－14）。

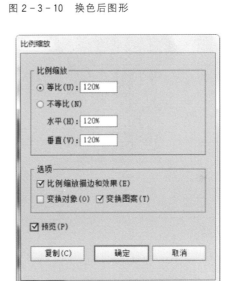

图 2－3－12　图案大小调整

图 2－3－13　吸管填充

6. 单击"随机更改饱和度和亮度" ⣿ 按钮，也可以更改颜色的外观效果（图 2－3－15）。

图 2-3-14 "随机更改颜色顺序"效果

图 2-3-15 "随机更改饱和度和亮度"效果

本章小结

本章主要介绍 Illustrator 中的【拾色器】、【颜色】面板、【色板】面板、【编辑/编辑颜色/重新着色图稿】等关于色彩的基础知识，以及专用色盘的建立、修改和保存，并对服装的颜色替换、套色配色设计进行了案例讲解。

绘图操作技巧提示

1. 【色板】面板，可控制所有的颜色、渐变和图案，可以自由地在面板中添加色板、删除色板或编辑色板。

2. 打开【重新着色图稿】按钮◉，或者执行菜单【编辑/编辑颜色/重新着色图稿】命令，可以快捷地对选定图稿中的颜色进行全局调整。

3. 用【魔棒工具】可以快速选择颜色。

4. 选中对象，按住【Alt】键复制并移开，按住【Alt＋Shift】水平或垂直复制对象。

5. 【定界框】必须是无填充、无描边颜色，而且必须位于对象的最底层。

6. 选中对象，执行【对象/变换/缩放】命令，可以缩放对象和填充的图案。

思考练习题

1. 创建一个不少于 15 个颜色的专用色盘，并保存。

2. 运用【重新着色图稿】命令，执行"指定颜色替换"和"随机颜色替换"操作。

第三章

常用服装辅料绘制

　　在服装款式产品绘制过程中，正确的服装辅料表现有助于设计师精准地传递设计思想，也便于其他部门准确地把握产品的质量。服装辅料的种类很多，常见的有扣子、金属扣件、拉链、绳线、花边和珠饰。

第一节　各类扣件绘制

服装扣件主要包括有扣子、拉链、绳线和金属扣等。在绘制的过程中，尽管每个对象造型不一，千变万化，但是需要把握的一个原则是：复杂的图形对象尽可能用简单的几何图形来组合，而不是用钢笔工具去勾勒外形。在 Illustrator 软件中，路径查找器、形状生成器、扩展工具、旋转复制等工具能够轻易获得想要的造型。

一、扣子的绘制

（一）扣子效果（图3-1-1）

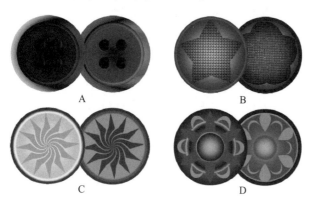

图3-1-1　扣子效果

（二）图3-1-1中A操作步骤

1. 选择工具箱【椭圆】工具，按住【Shift】键绘制 2cm×2cm 的正圆，填充颜色 R38、G39、B38，去掉描边填充。打开【渐变】面板（图3-1-2），设置"类型"为径向，在渐变滑块上添加两个颜色，并根据需要调整颜色位置（图3-1-3），然后按住【Alt】键移动复制对象，后面备用。

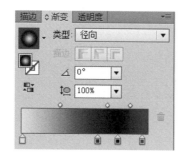

图3-1-2　渐变面板

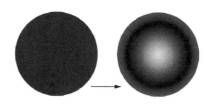

图3-1-3　径向渐变填充

2. 单击工具箱【渐变】工具，对象中出现一个渐变条，渐变条可以修改渐变填充的角度、位置和外扩陷印。根据设计需要，拖动滑块（图3-1-4）。

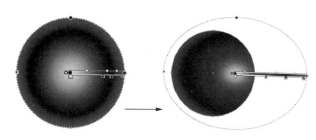

图3-1-4　修改渐变填充

3. 选择备用的椭圆对象，单击"控件"面板中的【变换】按钮，在"宽"和"高"框中分别输入数值 1.7cm（图3-1-5）。然后单击【渐变】工具，拖动渐变条，得到效果（图3-1-6）。

4. 用【椭圆】工具再绘制一个 1.5cm×1.5cm 的正圆，填充颜色 R38、G39、B38，去掉描边填充，在【透明度】面板中选择"强光"混合模式。然后选中3个对象，单击"控件"面板中的【对齐/水平居中对齐和垂直居中对齐】按钮，将对象对齐，按住【Ctrl＋G】编组对象（图3-1-7）。

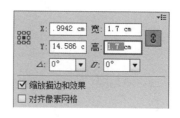

图3-1-5　【变换】面板

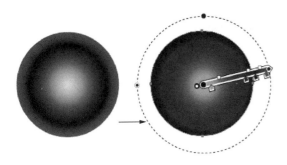

图 3-1-6 修改渐变填充

图 3-1-10 重新着色后的效果

（三）图 3-1-1 中 B 操作步骤

1. 选择工具箱【星形】工具 ☆，绘制一个 2cm×2cm 的五边形，执行菜单【效果/变形/鱼眼】，弹出对话框（图 3-1-11），设置"弯曲"为 38%，单击【确定】。执行【对象/扩展外观】命令（图 3-1-12）。

图 3-1-7 对齐对象

5. 绘制穿孔。用【椭圆】工具再绘制一个 3cm×3mm 的正圆，进行"线性"渐变填充（图 3-1-8），按住【Alt】键移动复制并对齐，完成后按住【Ctrl+G】编组对象，然后移至大圆的合适位置并执行【水平居中对齐】和【垂直居中对齐】，效果（图 3-1-9）。

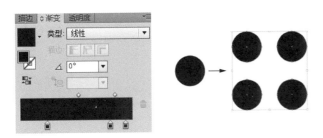

图 3-1-8 线性填充

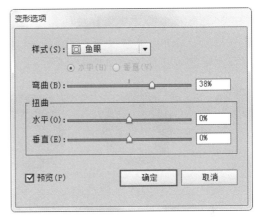

图 3-1-11 变形对话框

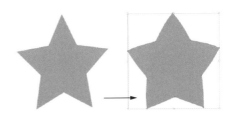

图 3-1-12 鱼眼变形

2. 用【椭圆】工具再绘制一正圆，打开【渐变填充】面板径向渐变填充，然后用【渐变】工具，修改渐变的焦点位置（图 3-1-13）。

图 3-1-9 扣子效果

6. 全选对象，单击【控件】面板中的【重新着色图稿】按钮，弹出对话框，通过对话框中的"协调规则"颜色选择以及"编辑"选项卡和"指定"选项卡参数的调整，可以搭配任意的颜色（图 3-1-10）。

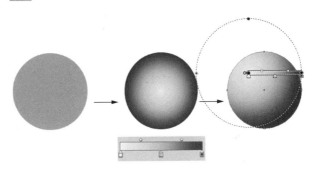

图 3-1-13 绘制正圆与渐变填充

3. 选中正圆，将其拖放至【色板】面板中，创建为新图案色板。选中五边形，单击【色板】中新图案。执行菜单【对象/变换/缩放】，在弹出的对话框中设置"等比"20%，去掉"变换对象"的勾选，单击【确定】按钮（图3-1-14）。

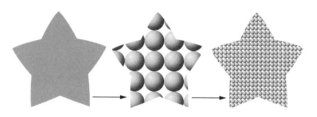

图 3-1-14　图案填充并调整大小

4. 用【椭圆】工具再绘制一个 2.4cm×2.4cm 的正圆并渐变填充，然后按住【Alt】键移动复制，单击"控制"面板中的【变换】按钮，修改"宽"和"高"均为 2.2cm，并修改渐变颜色位置，最后两者执行水平居中和垂直居中对齐（图3-1-15）。

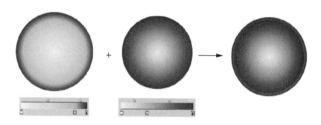

图 3-1-15　渐变填充与对齐

5. 选中五边形对象，右键单击执行【排列/置于顶层】，然后和正圆对象执行"水平居中"和"垂直居中对齐"。选中多边形，打开【透明度】面板，在混合模式中选择"正片叠底"模式（图3-1-16）。

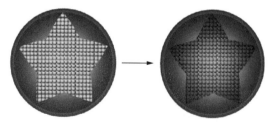

图 3-1-16　对齐和修改混合模式

（四）图 3-1-1 中 C 操作步骤

1. 选择工具箱【星形】工具 ☆，配合【上下】方向键，在页面中拖动绘制一个多边形，单击"控制"面板中的【变换】按钮，修改"宽"和"高"均为 1.8cm。

2. 双击工具箱【缩拢】工具 ❈，弹出对话框

（图3-1-17），设置"全局画笔尺寸"宽和高均为 1cm，单击【确定】按钮。鼠标单击对象，按住左键不松手，直到效果合适为止（图3-1-18）。

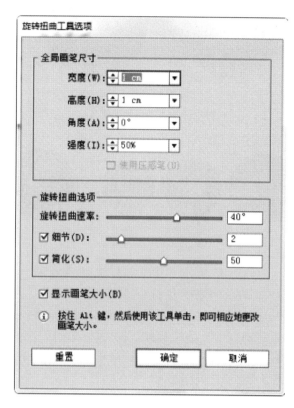

图 3-1-17　对话框

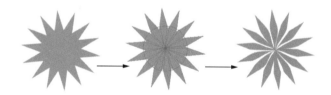

图 3-1-18　缩拢对象

3. 双击工具箱【旋转扭曲工具】 🌀，弹出对话框，同样设置"全局画笔尺寸"宽和高均为 1cm。单击对象中心，扭曲到合适时松开鼠标（图 3-1-19）。此时扭曲的对象并不是规则均匀分布，因此需要将其拆散，选择其中最美观的一部分重新旋转复制组合。

4. 选择工具箱【橡皮擦】工具快捷键【Shift+E】，擦除对象中不需要的部分，保留一个在形态上最漂亮的部分。选中该部分，单击【旋转】工具，按住【Alt】键单击最下端的锚点作为旋转中心点，弹出对话框，设置"角度"为30°，单击【复制】按钮，然后多次单击【Ctrl+D】键，再复制对象（图 3-1-20）

图 3-1-19　旋转扭曲对象　　图 3-1-20　旋转复制

5. 选择【椭圆】工具绘制一个 2cm×2cm 的正圆并径向渐变填充（图 3-1-21），然后将旋转复制后的图案移至上方，并水平居中和垂直居中对齐（图 3-1-22）。

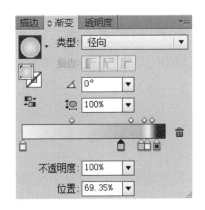

图 3-1-21　渐变设置

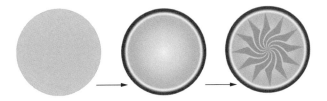

图 3-1-22　渐变效果

（五）图 3-1-1 中 D 操作步骤

1. 选择【椭圆】工具绘制一个 2cm×2cm 的正圆并径向渐变填充，按住【Alt】键移动复制对象，单击"控制"面板中的【变换】按钮，修改"宽"和"高"均为 1.3cm，并适当修改渐变。选中两个正圆对象，执行水平居中和垂直居中对齐（图 3-1-23）。

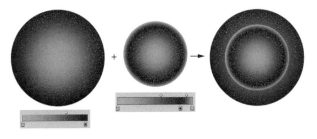

图 3-1-23　绘制正圆并渐变填充

2. 用【椭圆】工具绘制一个椭圆，按住【Shift+C】单击上下锚点，由平滑点转换为角点，形成花瓣造型。再绘制一个椭圆，按住【Alt】复制并垂直往下移动，然后选择【形状生成器】工具，生成一个月牙图形（图 3-1-24）。

3. 按住【Ctrl+R】打开标尺，拖出两条辅助线相交于花瓣下方位置，选中花瓣对象，单击【旋转】工具，按住【Alt】键单击辅助线的交点，弹出对话框，设置"角度"为 60°，单击【复制】按钮，然后单击【Ctrl+D】键再次复制对象（图 3-1-25）。重复上一步操作，旋转复制月牙对象。全选对象，按住【Ctrl+G】编组对象。

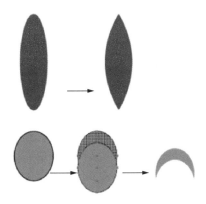

图 3-1-24　绘制对象

图 3-1-25　旋转复制对象

4. 将编组后的花纹对象移至正圆对象中，并执行水平居中和垂直居中对齐。根据设计需要，可以在上面再添加一个正圆并径向渐变填充，完成效果（图 3-1-26）。

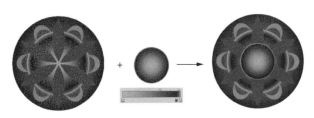

图 3-1-26　组合对象

二、金属扣件绘制（拉链头和腰带扣）

（一）金属扣件效果（图 3-1-27）

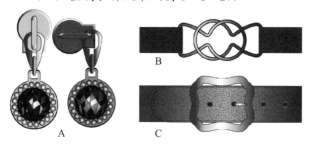

图 3-1-27　金属扣件效果

（二）图 3-1-27 中扣件效果 A 操作步骤

1. 用【椭圆】工具绘制一个 1.5cm×1.5cm 的正圆，用【矩形】工具绘制一个 1cm×1cm 的正方形，选中两个对象，按住【Ctrl+Shift+F9】打开"路径查找器"面板，单击【联集】按钮，得到图 3-1-28 中 a。

2. 选择【圆角矩形】工具绘制一个圆角矩形，选择【删除锚点】工具单击下方锚点将其删除，得到图 3-1-28 中 b。

3. 在图 3-1-28 中 b 中再绘制一个圆角矩形，选中图 3-1-28 中 b 和圆角矩形，按住【Shift+M】打开形状生成器工具，按住【Alt】键单击圆角矩形，将其删除，得到图 3-1-28 中 c。

4. 在图 3-1-28 中 c 中再绘制一个圆角矩形，同样用形状生成器裁除多余部分，得到图 3-1-28 中 d。

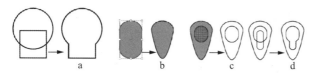

图 3-1-28　简单几何形的组合过程一

5. 绘制两个同心的正圆，大圆尺寸为 2cm×2cm，然后绘制一个圆角矩形（图 3-1-29 中 e）。选中圆角矩形和大圆，单击【联集】按钮。在联集后的对象中再绘制一个圆角矩形，同样用形状生成器裁除多余部分（图 3-1-29 中 f）。打开【渐变】面板，进行径向渐变填充（图 3-1-29 中 g），然后运用旋转复制的方式添加小圆（图 3-1-29 中 h）。

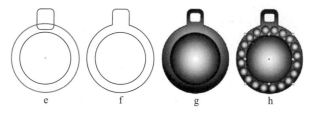

图 3-1-29　简单几何形的组合过程二

6. 选中图 3-1-29 中 h 中间的正圆，按住【Alt】键移动复制。选择【铅笔】工具，设置"描边粗细"为 0.25pt，然后随意绘制多条线将正圆分割（图 3-1-30 中 i）。然后全选对象，按住【Shift+M】打开形状生成器工具，单击圆内每个区域，然后填充颜色（图 3-1-30 中 j）。删除圆外面对线段，全选对象，打开【透明度】面板中的"正片叠底"混合模式，按住【Ctrl+G】编组对象（图 3-1-30 中 k），移回至图 3-1-29 中 h 中。

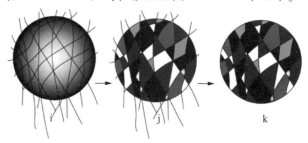

图 3-1-30　生成新形状

7. 将图 3-1-28 中 a、d 和图 3-1-29 中 h 组合，修改渐变填充对象并适当调整细节。根据设计需要，全选完成后的对象按住【Alt】键移动复制，然后部分选中对象，分别单击【控件】面板中的【重新着色图稿】按钮，弹出对话框，通过对话框中的"协调规则"颜色选择以及"编辑"选项卡和"指定"选项卡参数的调整，任意搭配颜色（图 3-1-31）。

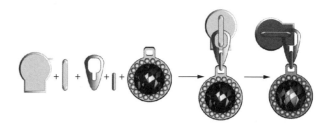

图 3-1-31　拉链头的组合与配色

（三）图 3-1-27 中扣件效果 B 操作步骤

1. 首先绘制一个 1.5cm×1.5cm 的正圆，然后用【多边形】工具绘制一个三角形，在绘制过程中按下【上下方向键】可以修改多边形边数。选中圆形和三角形，按住【Ctrl+Shift+F9】打开路径查找器，单击【联集】按钮。然后选择工具【平滑工具】，在拐角地方将其平滑，根据设计需要用【直接选择】工具适当修改局部锚点，以达到想要的造型（图 3-1-32）。

2. 用【直线段】工具配合【Shift】绘制一条垂直线，选中直线和图形，按住【Shift+M】选择"形状生成器工具"，按住【Alt】键单击没有经过平滑的对象，将其删除，然后删除直线。选中保留的图形，单击【镜像】工具，将对象水平镜像复制，然后单击【联集】按钮（图3-1-33）

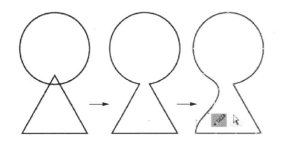

图3-1-32　平滑图形

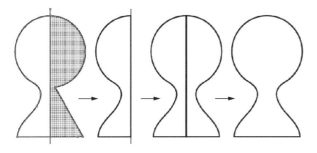

图3-1-33　镜像复制并联集

3. 选中对象，修改描边为4pt，并旋转90°。再次双击【旋转】工具，弹出对话框中输入角度180°，单击【复制】按钮。根据设计需要，用【左右方向键】适当调整图形位置（图3-1-34）。

图3-1-34　镜像复制

4. 全选对象，执行菜单【对象/扩展】命令，弹出对话框，勾选"填充"与"描边"，单击【确定】。按住【Alt】键移动复制，然后单击【路径查找器】面板中的"交集"按钮，右键单击【取消编组】，然后将需要的部分移回至图形中（红色区域）（图3-1-35）。

图3-1-35　扩展和相交图形

5. 选中红色块与棕色图形，按住【Shift+M】选择"形状生成器工具"，按住【Alt】键单击红色区域，将其删除，得到图形（图3-1-36）。然后进行线性渐变填充（图3-1-37）。

图3-1-36　修剪对象　　　图3-1-37　渐变填充对象

6. 添加描边色和细节，最后完成效果（图3-1-38）

图3-1-38　完成效果

（三）图3-1-27中扣件效果C操作步骤

1. 用圆角矩形工具绘制一个5cm×4cm的矩形（图3-1-39中a），执行菜单【效果/扭曲和变换/波纹效果】命令，弹出波纹效果对话框，设置"大小"为0.1cm，"隆起数"为1，选择"平滑"，单击【确定】按钮（图3-1-39中b）。

2. 选中对象，修改描边数为18pt，执行菜单【对象/扩展外观】命令，然后再执行【对象/扩展】命令，将描边扩展（图3-1-39中c）。

3. 在中间绘制一个矩形，然后进行线性渐变填充（图3-1-39中d）。

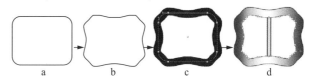

图3-1-39　扩展并填充

4. 用矩形工具添加腰带部分和细节，并调整顺序（图3-1-40）。选中腰带部分，按住【Ctrl+C】复制，按住【Ctrl+F】贴在前面，然后单击【色板菜单/打开色板库/图案/基本图形/纹理/波纹】，给腰带添加一个纹理，根据需要适当给腰带也添加一点渐变颜色（图3-1-41）。

图3-1-40　腰带及扣件效果

图3-1-41　腰带添加纹理及渐变后效果

第二节　缝纫线迹绘制

根据缝纫线迹的造型特点，在 Illustrator 中可以选用不同的工具，以达到快速绘制的目的。本节将以折线式、锁链式、组合式以及图案式的线迹为例进行绘制讲解。

一、缝纫线迹效果

缝纫线迹效果见图 3-2-1。

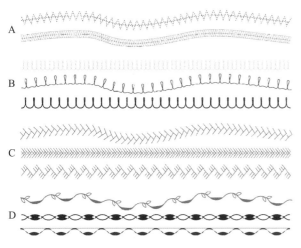

图 3-2-1　缝纫线迹效果

二、图 3-2-1 中 A（折线式）操作步骤

1. 用【直线段】工具绘制一条 1cm 的水平线，执行菜单【效果/扭曲和变换/波纹效果】，弹出对话框，设置"大小"为 0.35cm，"隆起数"为 5，选择"尖锐"，单击【确定】按钮。打开【描边】面板，勾选"虚线"（图 3-2-2），再绘制一条 1cm 水平虚线与折线水平居中对齐和垂直居中对齐（图 3-2-3）。

图 3-2-2　虚线设置

图 3-2-3　扭曲变形

2. 全选对象，单击【画笔】面板下方的【新

建画笔】按钮 或者直接将对象拖放至【画笔】面板中，弹出"新建画笔"对话框图（3-2-4），选择"图案画笔"，单击【确定】后接着弹出"画笔选项"对话框（图 3-2-5），设置名称为"人字折线线迹"，缩放为"50％"，着色方式为"色相转换"，完成后单击【确定】按钮。画笔色板中出现新画笔（图 3-2-6）。

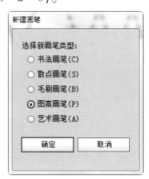

图 3-2-4

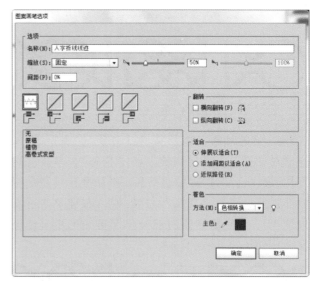

图 3-2-5　画笔选项

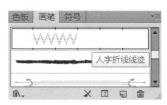

图 3-2-6　新建画笔

3. 用【钢笔】工具绘制任意线条，然后单击【色板】中的新画笔得到图形。调整大小，双击【色板】面板中的新画笔，弹出"画笔选项"对话框，在"缩放"中拖动滑块或者直接输入数值，单击【确定】后弹出"警告"提示，单击"应用于描边"按钮（图 3-2-7）。

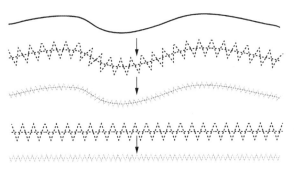

图 3-2-7 画笔应用

4. 选中折线对象，双击【镜像】工具，弹出【镜像】对话框，选择"垂直"，"角度"输入 90°，单击【复制】按钮。打开【描边】面板去掉"虚线"的勾选，然后添加 3 条虚线，并垂直居中对齐。完成后将其拖放至【画笔】面板中，弹出对话框，设置名称为"三针五线线迹"，生成新的画笔，应用画笔操作方法同上，最后效果（图 3-2-8）。

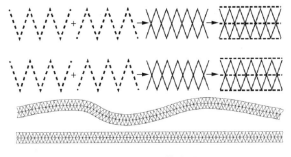

图 3-2-8 画笔应用

三、图 3-2-1 中 B（锁链式）操作步骤

1. 用【直线段】工具绘制一条长 1cm，粗细为 1pt 的水平线，执行菜单【效果/扭曲和变换/波纹效果】，弹出对话框，设置"大小"为 0.35cm，"隆起数"为 5，选择"平滑"，单击【确定】按钮（图 3-2-9）。

2. 选中平滑后的对象，再次执行【效果/扭曲和变换/波纹效果】，弹出对话框（图 3-2-10），设置"大小"为 0.12cm，"隆起数"为 1，选择"平滑"，单击【确定】按钮，得到效果。

3. 选中对象，执行【对象/扩展外观】，由直线属性变成了曲线属性。然后按住【A】直接选择

工具，调整上端两个锚点手柄（按住 Shift 键，手柄成水平线拖动），修改外形效果。然后按住【C】用剪刀工具单击对象下方两个锚点，将曲线剪断，删除多余的弧线（图 3-2-11）

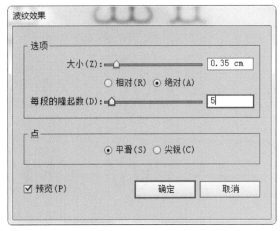

图 3-2-9 扭曲参数设置

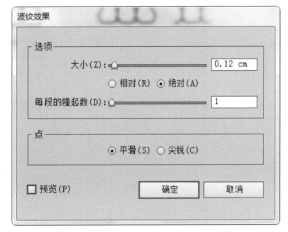

图 3-2-10 扭曲参数设置

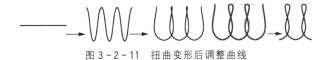

图 3-2-11 扭曲变形后调整曲线

4. 选中对象，打开【描边】面板，设置粗细为 0.75pt，端点为"圆角"，边角为"圆角"，勾选"虚线"，按下"终端对齐，并调整到适合长度"按钮（图 3-2-12）。将调整后的对象拖放至【画笔】面板中，创建成新的画笔，命名为"链式线迹"，应用效果（图 3-2-13）。

5. 在绘制缝纫线迹和装饰线迹的过程中，菜单中【效果/扭曲和变换/波纹效果】是一个非常有效而又快捷的命令，可以通过选择"平滑""尖锐""大小"和"隆起数"的修改达到各种不同的外观效果（图 3-2-14）。

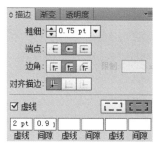

图 3 - 2 - 12　虚线设置

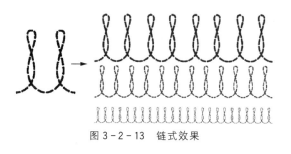

图 3 - 2 - 13　链式效果

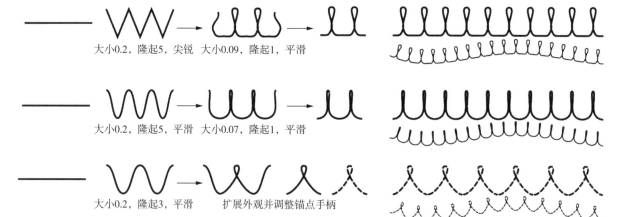

大小0.2，隆起5，尖锐　大小0.09，隆起1，平滑

大小0.2，隆起5，平滑　大小0.07，隆起1，平滑

大小0.2，隆起3，平滑　扩展外观并调整锚点手柄

图 3 - 2 - 14　各种效果

四、图 3 - 2 - 1 中 C（组合式）操作步骤

1. 用【直线段】工具绘制一条长 1cm，粗细为 1pt 的水平线（图 3 - 2 - 15 中 a）。执行菜单【效果/扭曲和变换/波纹效果】，弹出对话框，设置"大小"为 0.2cm，"隆起数"为 1，选择"尖锐"，单击【确定】按钮（图 3 - 2 - 15 中 b）。

2. 选中对象，执行【对象/扩展外观】，按住【Alt】键移动复制（图 3 - 2 - 15 中 c）。选中图 c，按住【Alt】键再次移动复制（图 3 - 2 - 15 中 d）。全选图 d，双击【旋转】工具，弹出对话框，设置角度为 90°，单击【确定】按钮（图 3 - 2 - 15 中 e）。

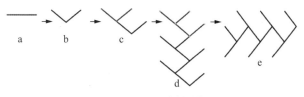

图 3 - 2 - 15　绘制对象

3. 将图 3 - 2 - 15 中 e 拖放至【画笔】面板中，创建成新的画笔，应用效果（图 3 - 2 - 16）。

图 3 - 2 - 16　应用画笔

4. 变换造型。选中图 3 - 2 - 15 中 c，添加一条斜线，全选对象，水平镜像复制，然后旋转 90°，得到图 f。复制后移动位置，并旋转得到图 g。完成后分别将其创建成画笔并应用（图 3 - 2 - 17）。

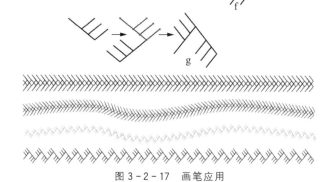

图 3 - 2 - 17　画笔应用

五、图 3 - 2 - 1 中 D（图案式）操作步骤

1. 用【直线段】工具绘制一条长 1cm，粗细为 1pt 的水平线。执行菜单【效果/扭曲和变换/波纹效果】，弹出对话框，设置"大小"为 0.2cm，"隆起数"为 1，选择"平滑"，单击【确定】按钮（图 3 - 2 - 18 中 a）。

2. 选中对象，执行【对象/扩展外观】，然后再次执行【对象/扩展】命令。按住【A】用直接选择工具移动锚点（绿色圈标记）并移动，改变造型（图3-2-18中b）。

3. 用【椭圆】工具绘制一个椭圆，按住【Shift+C】键单击上下锚点，将平滑锚点转换成角点，调整大小后移至图3-2-18中b合适位置（图3-2-18中c）。然后新建画笔并应用（图3-2-18）。

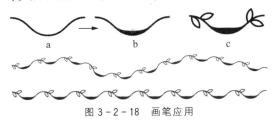

图3-2-18 画笔应用

4. 选中图3-2-18中b，用【直接选择】工具拖动下方锚点（蓝色圈标记）并往上垂直移动，使对象扭转（图3-2-19中d），然后垂直镜像复制，生成新对象（图3-2-19中e）。

图3-2-19 镜像复制

5. 选中图3-2-19中d，用【直接选择】工具同时选中左右下方锚点（红色圈标记），并往上垂直移动，使对象再次扭转（图3-2-19中f）。添加绘制一条水平线（图3-2-20中g）。将图3-2-19中e和图3-2-19中f新建成画笔并应用（图3-2-20）。

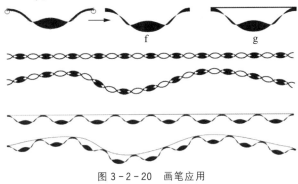

图3-2-20 画笔应用

6. 保存画笔，方便随时调用。单击【画笔库菜单/保存画笔】，给画笔命名。打开已保存的画笔，单击【画笔库菜单/打开画笔库/其他库】即可。

第三节 拉链与绳线绘制

一、拉链绘制
（一）拉链效果（图3-3-1）

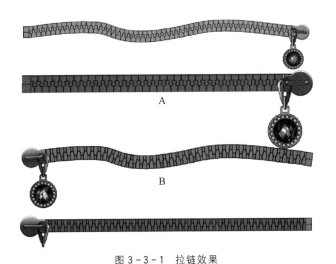

图3-3-1 拉链效果

（二）图3-3-1中A操作步骤

1. 用【钢笔】工具绘制拉链齿图形（图3-3-2

中a），双击【镜像】工具，弹出对话框，选择"水平"轴镜像，单击【复制】按钮（图3-3-2中b）。

2. 选中图3-3-2中b移至右上方（图3-3-2中c）。全选图3-3-2中c。按住【Alt】键移动复制对象。

3. 用【矩形】工具绘制一个矩形作为定界框，去掉填充、去掉描边，右键单击执行【排列/置于底层】（图3-3-2中d）。

4. 全选图3-3-2中d，将其拖放至【画笔】面板中，弹出"新建画笔"对话框，选择"图案"画笔，单击【确定】按钮后接着弹出"画笔选项"对话框，设置名称为"拉链"、大小、着色为"色相转换"，单击【确定】，拉链出现在【画笔】面板中。

5. 用【钢笔】工具绘制任意的曲线，单击【画笔】面板中的"拉链画笔"，如果大小不满意，双击【画笔】面板中"拉链"画笔，弹出"画笔选项"对话框，重新调整即可完成。

6. 根据设计需要，添加拉链头。打开本章第一节中图 3-1-26 绘制拉链，复制粘贴到文件中，然后根据拉链大小适当调整拉链头大小，单击【重新着色图稿】修改拉链头颜色，完成效果（图 3-3-2 中 e）。

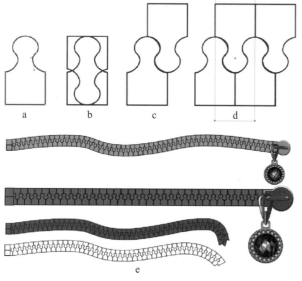

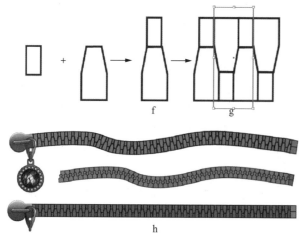

图 3-3-2 应用"拉链"画笔

（三）图 3-3-1 中 B 操作步骤

1. 用【矩形】工具绘制两个矩形，按住【A】键打开"直接选择工具"修改造型，然后选中两者单击【控件】面板中的【水平居中对齐】按钮 🔹，得到图 3-3-3 中 e，按住【Ctrl+G】编组对象。

2. 选择图 3-3-3 中 e，双击【镜像】工具，在对话框中选择"水平"轴对称，单击【复制】按钮。全选对象，按住【Alt】键移动复制。

3. 用【矩形】工具绘制一个矩形作为定界框，定界框包含一个循环的单元图形，定界框去掉填充、去掉描边，并右键单击执行【排列/置于底层】（图 3-3-3 中 f）。

4. 全选对象，将其拖放至【画笔】面板中，创建成新的拉链画笔，应用效果（图 3-3-3 中 h）。

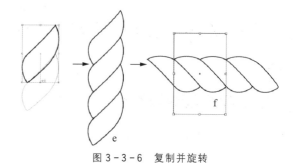

图 3-3-3 应用"拉链"画笔

二、麻花绳线绘制

（一）麻花绳线效果（图 3-3-4）

图 3-3-4 麻花绳线效果

（二）操作步骤

1. 用【椭圆】工具绘制一个椭圆（图 3-3-5 中 a），按住【Shift+C】单击椭圆上端和下端锚点，将平滑锚点转换成角点（图 3-3-5 中 b）。选择【倾斜工具】 ↗ ，拖动上端锚点使对象倾斜（图 3-3-5 中 c）。选择【直接选择工具】快捷键【A】，然后单击锚点，拖动锚点手柄修改造型（图 3-3-5 中 d）。

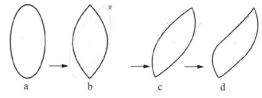

图 3-3-5 修整椭圆

2. 选中 3-3-5 中 d 图，按住【Alt+Shift】键垂直移动复制，按住【Ctrl+D】再制两个对象（图 3-3-6 中 e）。全选图 3-3-6 中 e，双击工具箱【旋转】工具，弹出对话框，输入角度 90°，单击【确定】按钮。

3. 用【矩形】工具绘制一个矩形作为定界框，定界框框选的范围必须是一个完整的循环单元，如果定界框范围有错位，应用后的画笔将随之错位（图 3-3-6 中 f）。

图 3-3-6 复制并旋转

4. 全选图 3-3-6 中 f，将其拖放至【画笔】

面板中，弹出"新建画笔"对话框，选择"图案"画笔，在"画笔选项"中，命名为"单麻花"，调整大小为 100％，着色方式为"无"，单击【确定】。"单麻花"出现在【画笔】面板中。

5. 用【直线段】工具绘制一条水平线，然后单击【画笔】面板中的"单麻花"，得到图 3-3-7 中 g。

6. 绘制绳线头（图 3-3-7 中 h）。用铅笔工具绘制一条由外向内的螺旋式曲线，然后单击"单麻花"画笔即可。

7. 绘制绳线尾部分（图 3-3-7 中 i）。用【圆角矩形】工具绘制一个圆角矩形，然后用【画笔】工具 ✎ 随意绘制几条曲线，选中曲线按住【Alt】键复制移动，并镜像。弧线数量满意后，全选弧线执行【对象/扩展外观】，然后再次执行【对象/扩展】命令，填充白色，用黑色描边。

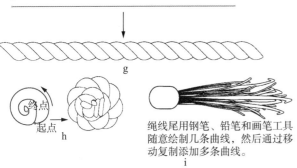

图 3-3-7　应用画笔

8. 将图 3-3-7 中 h 和 i 移回至 g 中，选中三个对象，单击【对齐面板】中的"垂直居中对齐"按钮 ▐╟，然后根据设计需要适当调整绳线头和绳线尾的大小、位置与绳线部分是否匹配（图 3-3-8）。

图 3-3-8　对齐并调整

9. 选中绳线部分，执行【对象/扩展外观】命令，右键单击【取消编组】，将麻花拆分成独立的单元，然后将绳线头和首麻花单元（图 3-3-9 中 k）编组，绳线尾和尾麻花单元（图 3-3-9 中 l）编组。此部分操作目的是使生成后的画笔首尾可以形成无缝对接的图形，而不会有断开或者很明显的接头（图 3-3-9）。

图 3-3-9　编组对象

10. 打开【色板】面板，将图 3-3-9 中 k 和 l 拖放至色板中，创建成新的图案色板。

11. 打开【画笔】面板，双击"单麻花"画笔，弹出"画笔选项"对话框（图 3-3-10）。修改名称为"麻花 1"单击"起点拼贴"按钮，然后在选择框中单击"绳线头"图案色板；单击"终点拼贴"按钮，然后在选择框中单击"绳线尾"图案色板，设置大小为 50％，着色方式为"色相转换"，完成后单击【确定】按钮，生成画笔（图 3-3-11）。弹出"警示"对话框，选择"保留描边"按钮。

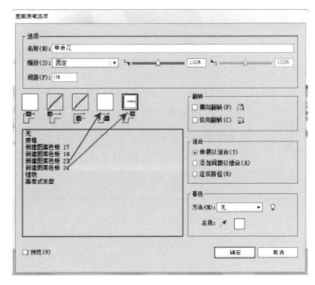

图 3-3-10　画笔选项对话框

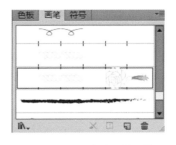

图 3-3-11　麻花 1 新画笔

12. 选择【铅笔】工具随意绘制一条曲线，然后单击【画笔】面板中的"麻花 1"，并可以将描边颜色由黑色调整为任意想要的颜色（图 3-3-12）。

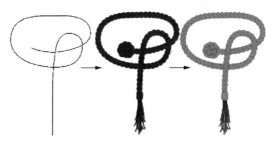

图 3-3-12　画笔应用

13. 规则绳线效果操作。用【直线段】工具绘制一条长 1.5cm，粗细为 1pt 的水平线。执行菜单【效果/扭曲和变换/波纹效果】，弹出"波纹效果"对话框，设置"大小"为 0.35cm，"隆起数"为 1，选择"平滑"，单击【确定】按钮。

14. 执行菜单【对象/扩展外观】命令，然后按住【A】用直接选择工具单击下方锚点手柄往相反方向拖动，使对象扭曲。完成后将其拖放至【色板】面板，创建成新的画笔，命名为"扭转弧线"（图 3-3-13）。

图 3-3-13 对象变形

15. 用【直线段】工具绘制再绘制一条水平向，然后单击【色板】中的"扭转弧线"画笔。选中对象执行【对象/扩展外观】命令，然后再单击【色板】面板中的"单麻花"画笔，规则的扭转麻花效果出现（图 3-3-14）。

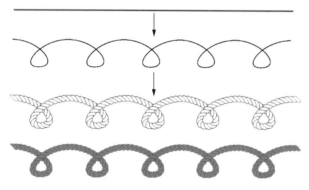

图 3-3-14 规则麻花效果

16. 双色变化绳线。选中图 f 对象，进行黑白颜色搭配（图 3-3-15）。然后将其拖放至【画笔】面板，弹出"新建画笔"对话框，选择"图案"画笔，确定后弹出"画笔选项"对话框，设置名称为"双色麻花"，大小调整为 50%，着色方式选择"无"，单击【确定】后，新画笔出现在面板中。

17. 选中绳线头，单击"双色麻花"画笔。选中绳线头和绳线尾部分，完成后将其拖放至【色板】面板中（图 3-3-16）。

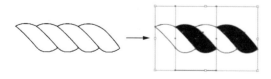

图 3-3-15 改变颜色

图 3-3-16 绳线头和绳线尾

18. 重复前面步骤，完成画笔的创建并应用。如果需要改变双色效果，只要在"画笔选项"中选择"着色"为"色相转换"即可（图 3-3-17）。

图 3-3-17 应用画笔

三、多股编织绳线绘制

（一）四股编织绳线效果

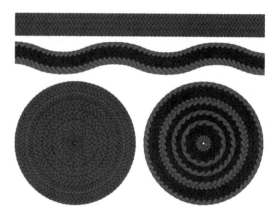

图 3-3-18 绳线效果

（二）操作步骤

1. 用【矩形】工具绘制一个 1cm×0.5cm 的矩形（图 3-3-19 中 a），选择工具箱【倾斜工具】 将其倾斜（图 3-3-19 中 b），选择工具箱【镜像】工具将其复制镜像（图 3-3-19 中 c），按住【A】键将锚点往（红圈标记处）延长方向拖动至边缘（图 3-3-19 中 d）。

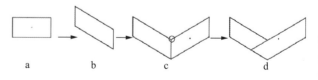

图 3-3-19 绘制对象

2. 选中图 3-3-19 中 b 对象，按住【Alt】键移动复制，并调整顺序置于最上边，按住【A】键将锚点往延长方向拖动至边缘（图3-3-20中e）。

3. 选中图3-3-19中b对象，将其外延修整为弧线，然后双击【镜像】按钮，镜像复制对象并移至右边，调整顺序和锚点位置（图3-3-20中f）。

图3-3-20　镜像复制

4. 单击【V】键，全选图3-3-20中f，按住【Alt】键，垂直移动复制，按住两次【Ctrl+D】再制对象（图3-3-21中g）。

5. 全选图g，双击【旋转】工具，在弹出的对话框中输入角度90°。用【矩形】工具绘制一个定界框，去掉定界框的填充和描边，并将定界框置于对象的最底层（图3-3-21中h）。单击【V】键将整个对象拖放至【画笔】面板中，弹出"新建画笔"对话框，选择"图案"画笔，确定后弹出"画笔选项"对话框，设置名称为"编织带"，大小为50%，着色方式为"色相填充"，单击【确定】完成。

6. 用【椭圆】工具绘制一个正圆，按住【Alt】键复制并成比例缩放，然后单击"编织带"画笔，得到效果（图3-3-21中i）。

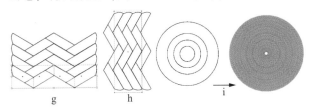

图3-3-21　创建画笔并应用

7. 选中图3-3-20中f，根据设计需要，填充颜色。创建画笔的时候在"画笔选项框"中选择"色相转换"的着色方式。

8. 绘制不同形式的路径，然后分别单击【画笔】面板中的新画笔，应用画笔，得到效果（图3-3-22）。

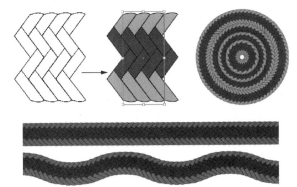

图3-3-22　画笔应用

四、链式带绘制

（一）链式带绘制效果

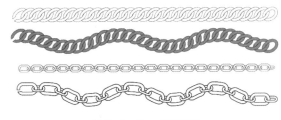

图3-3-23　链子效果

（二）操作步骤

1. 用【椭圆】工具绘制一个2.5cm×2.5cm的正圆，选择【倾斜工具】将其倾斜，将描边改为16pt。执行菜单【效果/扭曲和变换/自由扭曲】命令，弹出"自由扭曲"对话框，拖动任意角点进行扭曲，完成后单击【确定】（图3-3-24）。

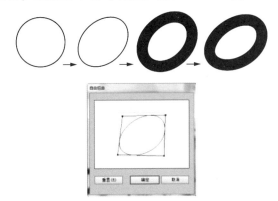

图3-3-24　扭曲对象

2. 选中对象，按住【Alt】键移动复制，然后按住【Ctrl+D】再次复制对象。全选对象，执行菜单【对象/扩展】命令，将对象扩展，并填充白色，描边为黑色（图3-3-25）。

3. 为了方便后面的操作，先将图3-3-25中a、b、c三个圈换成不同的颜色。然后全选对象，按住【Shift+Ctrl+F9】打开"路径查找器"，单击"分割"按钮，将对象分割，右键单击执行【取消编组】（图3-3-26）。

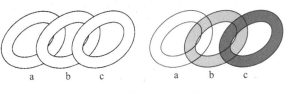

图3-3-25　复制对象　　　图3-3-26　分割对象

4. 根据扭转的前后关系，分别选中分割后的对象，单击"路径查找器"中的"联集"按钮，将对象合并（图 3-3-27），联集的图形参照图 3-3-28。

图 3-3-27 连接对象　　图 3-3-28 合并的单个图形

5. 按住【Ctrl+R】显示标尺，在 a 和 c 对象的中心处拖出两条辅助线。用【矩形】工具沿着辅助线绘制一个定界框，定界框包含一个完整的循环单元并去掉填充和描边，且置于对象的最底层（图 3-3-29）。

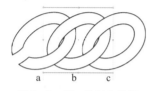

图 3-3-29 绘制定界框

6. 全选对象，将其拖放至【色板】面板中，弹出"新建画笔"对话框，选择"图案画笔"，单击【确定】后，弹出"画笔选项"对话框，设置名称为"链式带"，大小为 30%，着色方式为"色相转换"，完成后单击【确定】并应用（图 3-3-30）。

7. 重复上面的操作方法，可以绘制不同的链式带效果。用【椭圆】工具绘制两个椭圆，设置描边为粗一些（图 3-3-31 中 a）。按住【Alt】键移动

复制（图 3-3-31 中 b）。执行【对象/扩展】，填充白色，描边为黑色（图 3-3-31 中 c）。

8. 全选图 3-3-31 中 c，单击"路径查找器"中的"分割"按钮（图 3-3-31 中 d）。然后根据扭转和前后关系分别选中对象单击"联集"按钮（图 3-3-31 中 e）。

图 3-3-30 画笔应用

9. 用【矩形】工具绘制定界框，然后将其创建成新的画笔并应用（图 3-3-31）。

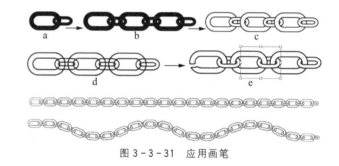

图 3-3-31 应用画笔

10. 保存画笔，方便随时调用。单击【画笔库菜单/保存画笔】，给画笔命名。打开已保存的画笔，单击【画笔库菜单/打开画笔库/其他库】即可。

第四节　花边与珠饰绘制

一、花边绘制

（一）蕾丝花边绘制效果（图 3-4-1）

图 3-4-1 蕾丝花边效果

（二）操作步骤

1. 蕾丝花边根据其自身的特点，可以将底纹和花纹部分分开绘制，然后根据设计需求重新组合。

2. 绘制花纹。选择【椭圆】工具，绘制一个椭圆，按住【Shift+C】单击椭圆上端锚点，由平滑点转换成角点。按住【Alt】键垂直移动复制，选中两个椭圆单击"路径查找器"中的【减去顶层】按钮。双击【旋转】按钮，弹出"旋转"对话框，设置旋转角度为 60°，重复操作，丰富图形内部（图 3-4-2）。

图 3 - 4 - 2　绘制图形

3. 用【直线段】工具绘制一条水平线，执行【效果/扭曲和变换/波纹效果】，在弹出的对话框中根据需要设置大小，"隆起数"为 3。双击【镜像】工具，将其镜像，执行【效果/变形/拱形】，然后再执行【对象/扩展外观】命令（图 3 - 4 - 3）。

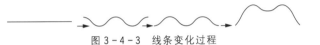

图 3 - 4 - 3　线条变化过程

4. 用【弧形】工具绘制一条弧线，然后将其镜像。选中上端曲线执行【对象/扩展】命令，按住【A】键拖动锚点，修改轮廓造型。按住【Alt】键移动复制几个并缩放，用"直接选择"工具局部调整和修改（图 3 - 4 - 4）。

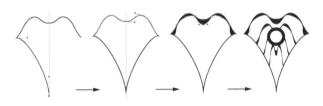

图 3 - 4 - 4　绘制图形

5. 组合花纹。将完成的单独图形根据设计组合，在组合的过程中可以适当添加和删减造型，直至效果满意为止（图 3 - 4 - 5）。

图 3 - 4 - 5　组合花纹图样

6. 绘制底纹。用【直线段】工具绘制一条斜线，双击【镜像】按钮，水平镜像复制。按住【Alt】键水平移动复制，然后垂直移动复制。完成后将其拖放至【画笔】面板中，创建成图案画笔，

命名为"网格画笔"，大小为 30％，着色方式为"无"，单击【确定】完成。

7. 在花纹图样上方绘制一条水平线，并单击【画笔】面板中的"网格画笔"，执行【对象/扩展外观】命令（图 3 - 4 - 6）。

图 3 - 4 - 6　添加网格

8. 选中网格对象，按住【Alt】键垂直移动复制，铺满整个花纹图形。选择【钢笔】工具沿着花纹下端边缘绘制一条分割线（红色线）。

9. 选中下端两片网格对象执行【对象/扩展】，选中红色分割线和下端的网格对象，单击"路径查找器"中的【分割】按钮，将对象分割，然后根据图形边缘删除多余的网格对象（图 3 - 4 - 7）。

10. 用【矩形】工具绘制定界框，并将其创建成"蕾丝花边"图案画笔。

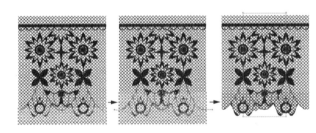

图 3 - 4 - 7　分割网格并删除边缘部分

10. 用【钢笔】工具绘制任意路径，然后单击【画笔】面板中的"蕾丝花边"画笔，完成效果（图 3 - 4 - 8）。

图 3 - 4 - 8　蕾丝画笔应用效果

11. 按照设计的需要绘制另外的花纹图形（图 3 - 4 - 9），然后重复上述的操作，可以得到不同的效果（图 3 - 4 - 10）。

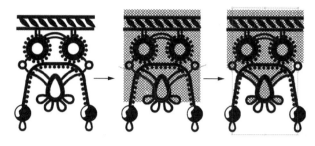

图 3-4-9　图形处理过程

图 3-4-10　画笔应用

二、珠饰绘画

（一）珠饰绘制效果（图 3-4-11）

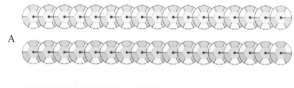

图 3-4-11　珠片效果

（二）图 3-4-11 中 A 操作步骤

1. 选择【椭圆工具】，按住【Shift】键绘制一个 1cm×1cm 的正圆（图 3-4-12 中 a）。选择【多边形】工具，按住【Shift＋Alt】键从正圆中心往外绘制正一个六边形，如果要调整多边形边数，只要在绘制过程中单击【上下方向键】即可（图 3-4-12 中 b）。

2. 用【直线段】工具在六边形角点绘制一条直线（图 3-4-12 中 c）。按住【Ctrl＋R】打开标尺，拖出两条辅助线相交于多边形的中心点，然后单击【旋转】工具，按住【Alt】键单击中心点，弹出对话框，设置角度为 60°，单击【复制】按钮，然后多次单击【Ctrl＋D】键复制对象，中心添加一个小的正圆（图 3-4-12 中 d）。

3. 全选对象，按住【Shift＋M】打开"形状生成工具" ，然后单击对象中各个需要分割的部分（图 3-4-13 中 e）。填充单色（图 3-4-13 中 f）。全选对象按住【Ctrl＋G】编组，按住【Alt＋

Shift】水平移动复制对象。用【矩形】工具绘制一个定界框，去掉定界框的描边与填充，并将其置于对象的最底层（图 3-4-13 中 g）。

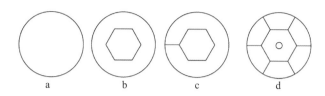

图 3-4-12　绘制基础图形

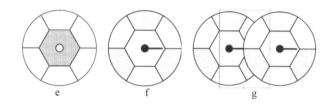

图 3-4-13　填充并绘制定界框

4. 全选对象，将其拖放至【色板】面板中，弹出"新建画笔"对话框，选择"图案"画笔，单击【确定】后弹出"画笔选项"对话框，设置名称为"圆形珠片"，大小为 30%，着色方式为"无"，如果要改变颜色则选择"色相转换"，应用效果（图 3-4-14）。

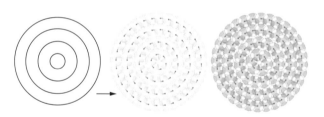

图 3-4-14　珠片应用

（三）图 3-4-11 中 B 操作步骤

1. 用【圆角矩形】工具绘制一个 1cm×1.5cm 的矩形（图 3-4-15 中 a）。选择【矩形】工具在中央绘制一个矩形（图 3-4-15 中 b）。选中中间矩形，按下【Ctrl＋C】复制，然后按住【Ctrl＋F】贴在前面，执行菜单【效果/扭曲和变换/自由扭曲】，将对象变形（图 3-4-15 中 c）。双击【镜像】工具，将其镜像 ，移至合适位置（图 3-4-15 中 d）。

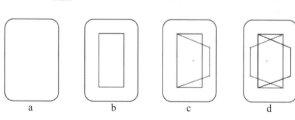

图 3-4-15　绘制基础图形

2. 按住【Ctrl+R】显示标尺，然后拖出两条辅助线相交于对象的中心点。用【直线段】工具在角点绘制一条直线，然后选择【镜像】工具将其【水平镜像】和【垂直镜像】（图3-4-16中e）。

3. 继续用【直线段】工具将对象分割（图3-4-16中f）。全选对象，选择工具箱【形状生成工具】，单击每个需要分割的部分，并填充颜色（图3-4-16中g）。

4. 根据设计需求，继续完成颜色的填充（图3-4-16中h）。

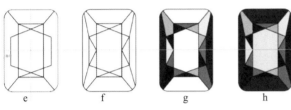

图3-4-16 填充颜色

5. 全选对象，将其拖放至【色板】面板中，弹出"新建画笔"对话框，选择"图案"画笔，单击【确定】后弹出"画笔选项"对话框，设置名称为"亚克力钻"，大小为"30%"，着色方式为"无"，如果要改变颜色则选择"色相转换"或"淡色和暗色"，应用效果（图3-4-17）。

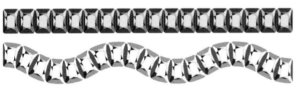

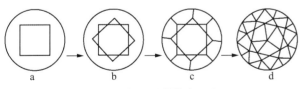

图3-4-17 珠片应用

（四）图3-4-11中珠片效果C操作步骤

1. 根据设计的需要，可以绘制不同的珠片造型（图3-4-18中a～d，图3-4-19中e）。

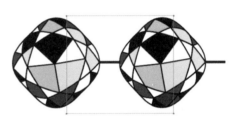

图3-4-18 绘制基础图形

2. 全选图3-4-19中e，执行菜单【效果/变形】，弹出"变形选项"对话框，选择【鱼眼】，根据需求设置"弯曲"，勾选"预览"，效果合适后单击【确定】按钮，然后执行菜单【对象/扩展外观】即可（图3-4-19中f）。

图3-4-19 变形对象

3. 用【直线段】工具绘制一条直线，按住【Alt+Shift】键，水平移动复制对象。用【矩形】工具绘制一个定界框（图3-4-20），然后将其拖放至【画笔】面板中，创建成新画笔。应用后得到效果（图3-4-21）。

图3-4-20 创建新画笔

图3-4-21 应用画笔

本章小结

本章以扣子、拉链头、腰带扣件、缝纫线迹、拉链与绳线、花边与珠饰等几个方面进行实例绘制讲解。在绘制图形的过程中，先绘制简单的几何图形，然后运用路径查找器、形状生成器、扩展工具、旋转复制等命令，可以轻而易举地获得想要的造型。

绘图操作技巧提示：

1. 运用渐变填充的不同类型，可以获得立体和光泽的质感。

2. 单击【Shift＋M】打开形状生成器工具。

3. 执行菜单【效果/扭曲和变换/波纹效果】命令，可以将直线转换成曲线或折线，通过选择"平滑""尖锐""大小""隆起数"的修改达到各种不同的外观效果，对于绘制缝纫线和装饰线非常有效。

4. 选择对象后，单击【倾斜工具】 ↗，拖动任意锚点，可以倾斜对象。

5. 按住【Shift＋Ctrl＋F9】，打开"路径查找器"面板，可以结合、分割对象。

6. 执行【对象/扩展】命令，可以将描边转换成对象。

思考练习题

完成下图的绘制。知识要点：先绘制基础图形，然后绘制定界框，创建成新的图案画笔，应用画笔。

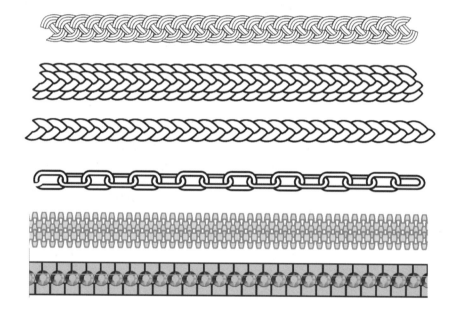

第四章
服装印花图案绘制

随着数码技术的不断成熟和印花产品质量的提高,数码印花图案成为服装企业新产品开发设计的重要表现形式。数码印花采用直接喷绘或者转移印花的技术可以实现软件处理过的各种创意图形,如重叠、透明、光影等效果。与传统印花技术相比较,数码印花图案无需分色制版,可以节省大量辅助设备及相关成本;印花品质高,色彩丰富,颜色数量不受限制。

本章以规则图案、自由图案、特殊效果图案为例进行绘制讲解。规则图案是针对传统印花分色工艺要求展开的绘图,其他案例均适用于数码印花技术。

第一节 规则图案绘制

一、条纹图案绘制

（一）条纹图案效果（图 4-1-1）

图 4-1-1 条纹图案效果

（二）操作步骤

1. 选择【矩形】工具，在页面中单击，弹出对话框，设置参数，绘制一个 10cm×10cm 的矩形。双击【填色】控件，弹出"拾色器"，输入 R239、G210、B129，填充颜色，去掉描边（图 4-1-2）。

2. 用矩形工具再添加一个矩形，填充颜色为 R128、G93、B121，按住【Alt＋Shift】键垂直移动复制（图 4-1-3）。

图 4-1-2 绘制矩形　　　图 4-1-3 添加矩形

3. 重复第二步操作，继续添加矩形并填充颜色为 R193、G137、B104，适当调整宽度（图 4-1-4）。

4. 全选对象，将其拖放至【色板】面板中，创建一个新的条纹图案印花色板。

5. 单击【Y】打开工具箱【魔棒工具】，单击页面中的印花色 A，紫色全部被选中，然后替换成颜色为 R171、G72、B91。重复操作，替换印花色 B、印花

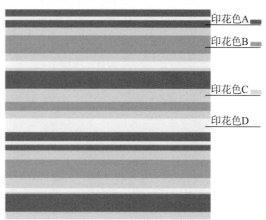

印花色A
印花色B
印花色C
印花色D

图 4-1-4 添加矩形丰富条纹色彩

色 C、印花色 D（图 4-1-5）。全选对象，将其拖放至【色板】面板中，创建第二个条纹图案印花色板。

6. 在服装产品开发中，一般情况下会有 3 个配色，因此重复上面操作，设计第三个条纹图案印花色板（图 4-1-6）。

7. 调入一张款式图，将其尺寸在页面中调整至 1∶1 大小的尺寸，调整尺寸至 1∶1 是为了较真实地预览最终成衣印花效果，在设计过程中能很好地控制最后成衣的实物效果。本案例中背心 1∶1 尺寸为半胸围 40cm、衣长 65cm，全选对象，单击上方【变换面板】按钮，弹出面板（图 4-1-7），按下"约束宽度和高度比例"按钮，然后在"宽"框中输入 40cm，"高"的数值会自动调节（图 4-1-8）。

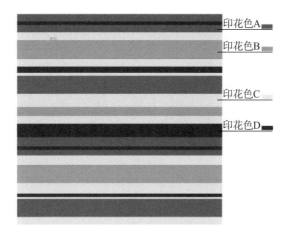

图 4-1-5　色彩设计

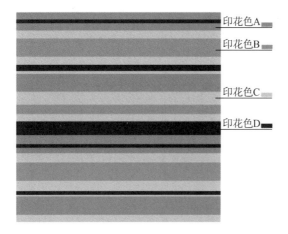

图 4-1-6　色彩设计

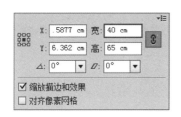

图 4-1-7　变换面板

图 4-1-8　将对象调整至 1：1 的大小

8. 选中背心前衣片，然后单击【色板】面板中的条纹色板，此时填充后的对象即实物印花后的效果（图 4-1-9）。通过这张图的效果查看条纹的大小是否符合设计的需求，如果不满意，则要重新调整条纹的大小或宽度。

9. 调整印花大小。选中对象，执行菜单【对象/变换/缩放】，弹出对话框（图 4-1-10），根据想要的效果设置等比缩放比例，此案例中为 300％，只勾选"变换图案"，单击【确定】按钮（图 4-1-11）。

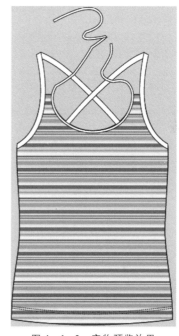

图 4-1-9　实物预览效果

图 4-1-10　缩放设置

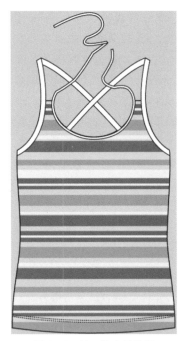

图 4 - 1 - 11　放大后效果

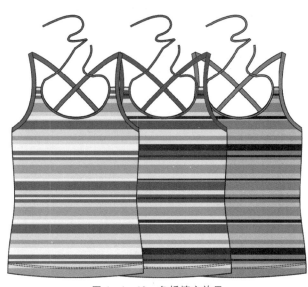

图 4 - 1 - 12　色板填充效果

10. 全选图 4 - 1 - 11，按住【Alt】键，移动复制两个对象，然后分别单击【色板】面板中的另外两个配色的条纹图案色板，得到效果（图 4 - 1 - 12）。

11. 制作印花制版单。在设计完图案后，往往还需要制作印花版单，便于送去印花和工艺处理。不同公司的印花版单的编制形式可能有所不同，但基本上都会包含设计图、印花配色图和印花尺寸说明等几部分内容（图 4 - 1 - 13）。

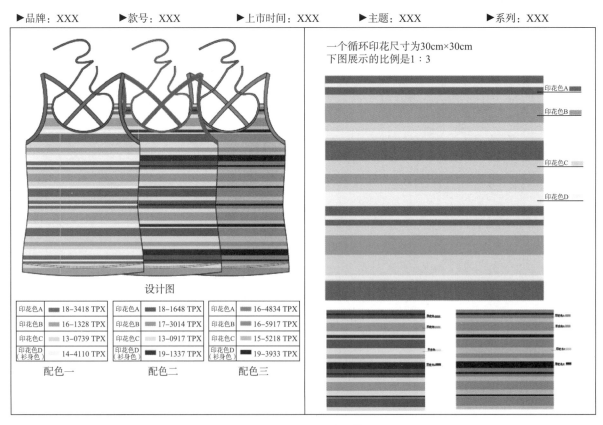

图 4 - 1 - 13　印花制版单

二、几何图案绘制

（一）几何纹图案效果（图4-1-14）

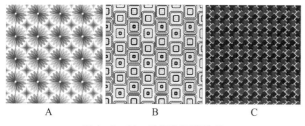

A　　　　　B　　　　　C

图4-1-14　几何纹图案效果

（二）图4-1-14中A操作步骤

1. 选择【椭圆】工具绘制一个椭圆，填充颜色，潘通色号16-1328tpx，R193、G136、B104（图4-1-15中a）。单击【旋转】工具，按住【Alt】键单击旋转中心点，弹出"旋转"对话框，设置角度为20°，单击【复制】按钮（图4-1-15中b），然后多次单击【Ctrl+D】，再次复制多个对象（图4-1-15中c）。选择图c，打开【透明】面板，选择【正片叠底】混合模式，得到图4-1-15中d，按住【Ctrl+G】编组对象。

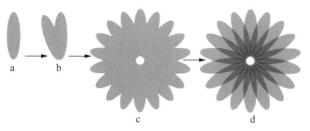

a　　b

c　　　　　d

图4-1-15　基础图形绘制

2. 选中图4-1-15中d，单击控件栏中【变换面板】，在面板中输入宽和高的数值均为2cm。然后双击【选择工具】，弹出"移动"对话框，在"水平"框中输入数值2，"垂直"框中0，单击【复制】按钮，修改复制后填充对象的颜色，潘通色号13-1012，R202、G182、B158（图4-1-16）。

3. 全选对象，双击【选择】工具，在弹出的"移动"对话框中，"水平"框输入0，"垂直"框输入2，得到效果（图4-1-17）。根据设计需要调整颜色（图4-1-18）。

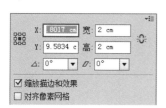

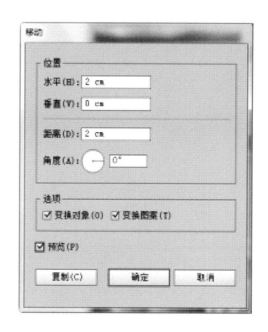

图4-1-16　复制并精确移动对象

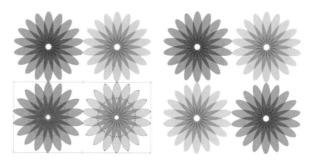

图4-1-17　复制并精确移动　　图4-1-18　调整颜色

4. 选择【弧形工具】，按住【Shift】键绘制对称弧线（图4-1-19）。单击【镜像工具】，按住【Alt】键单击弧线下端锚点，在弹出对话框中选择"水平镜像"⊙水平（H），然后单击【复制】按钮（图4-1-20）。

5. 选中两条弧线，重复操作，垂直镜像弧线（图4-1-21）。全选弧线，按住【Ctrl+J】连接对象。然后按住【Ctrl+C】复制对象，单击【Ctrl+F】贴在前面，单击【Alt+Shift】从中央成比例缩放对象，重复操作得到图形（图4-1-22）。

图 4-1-19　绘制对称弧线　图 4-1-20　水平镜像弧线

图 4-1-21　连接对象　图 4-1-22　复制缩放对象

6. 用【矩形】工具绘制一个 2cm×2cm 的正方形，去掉填充和描边，按住【Ctrl+Shift+［】使其置于最底层。全选对象，将其拖放至【色板】面板中，创建成图案色板（图 4-1-23）。色板应用（图 4-1-24）。

图 4-1-23　创建色板

一个循环单元印花尺寸是2cm×2cm　一个循环单元印花尺寸是4cm×4cm

图 4-1-24　应用色板

7. 根据设计需要，增加两个配色（图 4-1-25）。

图 4-1-25　多个配色效果

（三）图 4-1-14 中 B 操作步骤

1. 用【圆角矩形】工具配合【Shift】键，绘制多个正圆角矩形（图 4-1-26）。运用移动复制、对齐、修改轮廓与颜色等功能，调整丰富对象（图 4-1-27）。

图 4-1-26　绘制单元图形

图 4-1-27　移动复制对象

2. 全选对象，执行菜单【对象/图案/建立】命令，弹出对话框（图 4-1-28），选择"拼贴类型"为"网格"，根据需要在"宽度""高度"框中滚动鼠标"滚动键"，以调整对象之间的距离，预览效果满意后单击属性栏中【存储副本】按钮 ＋存储副本，弹出"新建图案"对话框，设置图案名称为"格形花样"，单击【确定】，然后单击属性栏【完成】按钮。

3. 绘制一个矩形，单击【色板】面板中的"格形花样"进行填充，完成效果（图 4-1-29）。

图 4-1-28　图案选项对话框

图 4-1-29　图案填充效果

（四）图 4-1-14 中 C 操作步骤

1. 用【矩形工具】绘制一个 1cm×1cm 的正方形，填充颜色，双击工具箱【旋转】工具，弹出对话框，输入 45°，然后配合【Alt+Shift】键垂直移动复制对象（图 4-1-30）。

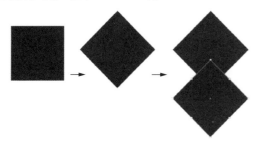

图 4-1-30　绘制菱形

2. 选中两个菱形对象，按住【Ctrl+Shift+F9】打开"路径查找器"面板，单击面板中的【修边】按钮 ▉，右键单击"取消编组"，选中上

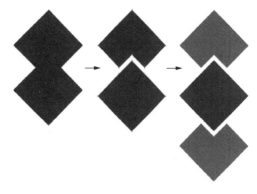

图 4-1-31　拆分、重组对象

方图形，镜像复制并填充不同颜色（图 4-1-31）。

3. 全选对象，移动复制（图 4-1-32）。

4. 全选对象，执行菜单【对象/图案/建立】命令，在弹出的对话框中根据需要选择"拼贴类型"和调整"宽度""高度"，效果满意后单击属性栏【存储副本】按钮，新建图案后，单击属性栏【完成】按钮，得到最后的填充效果（图 4-1-33）。

图 4-1-32　新建图案　　　图 4-1-33　填充应用

三、规则花纹图案

（一）规则花纹效果（图 4-1-34）

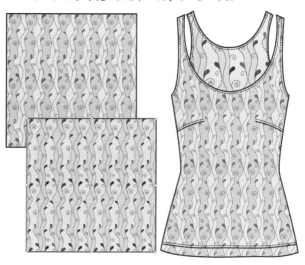

图 4-1-34　规则花纹效果

（二）操作步骤

1. 单击工具箱【直线段工具】 ，配合【Shift】键，绘制一条 15cm 的垂直线，描边宽为 2pt，描边颜色为 R96、G76、B63。执行菜单【效果/扭曲和变换/波纹效果】，弹出对话框（图 4-1-35），设置参数后单击【确定】按钮。然后执行菜单【对象/扩展外观】命令。

2. 按住快捷键【A】，打开"直接选择工具"，可以调整除首尾之外的任意锚点，改变造型，得到图形（图 4-1-36）。注意：如果移动了首尾两个锚点的位置，最后做循环的时候会有明显的接口。

3. 用【钢笔】和【螺纹工具】添加绘制图形，完成后按住【Ctrl+G】编组对象（图 4-1-37）。

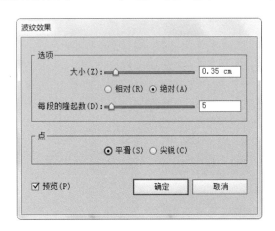

图 4-1-35　参数设置

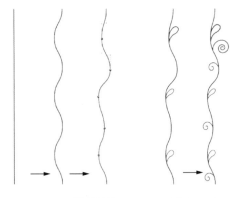

图 4-1-36　调整波纹　　　　图 4-1-37

4. 选中编组后的对象，按住【Alt】键移动复制并镜像对象，然后右键单击执行【取消编组】，按住【A】键移动锚点，丰富造型效果（图 4-1-38）。

5. 用【矩形工具】绘制一个 15cm×15cm 的正方形，填充颜色 R199、G179、B121，并置于图形的下方（图 4-1-39）。

6. 选中上方的图形对象，取消全部编组。按住快捷键【V】选中最左侧的弧线（图 4-1-40），

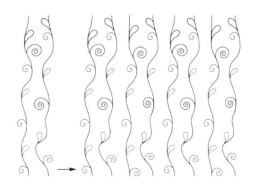

图 4-1-38　复制并调整造型

图 4-1-39　绘制背景

单击键盘【Ctrl+C】复制，然后单击【Ctrl+F】贴在前面。执行菜单【对象/路径/分割下方对象】命令。重复操作，用弧线分割整个矩形背景，填充不同颜色并透明（图 4-1-41）。

7. 根据设计需要，继续修改颜色以丰富视觉效果（图 4-1-42）。如果对画面不满意，还可以继续添加一组弧线（图 4-1-43）。

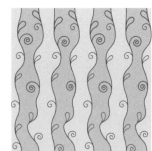

图 4-1-40　分割背景　　　　图 4-1-41　调整颜色

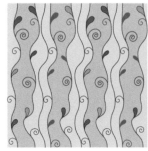

图 4-1-42　修改颜色填充　　　图 4-1-43　丰富细节设计

8. 用【矩形】工具绘制一个矩形定界框，去掉颜色和轮廓填充，置于整个图形的下方（图4-1-44）。然后全选对象，将其拖放至【色板面板】中，生成图案色板，继续用【矩形工具】绘制一个15cm×15cm的正方形，单击【色板面板】中的图案，进行填充，执行【对象/变换/缩放】调整填充图案的大小（图4-1-45）。

，弹出对话框，设置容差为"0"，然后用魔棒工具单击选中需要替换颜色的对象，然后双击【填色】按钮，弹出【拾色器】，挑选合适颜色后单击【确定】按钮（图4-1-46）。重复操作，可以替换所有的颜色，得到效果（图4-1-47）。

10. 调入一张矢量款式图，并填充图案色板。完成后保存文件。

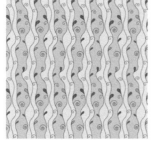

4-1-44　绘制循环定界框　　　图4-1-45　色板填充

图4-1-46　魔棒选中颜色对象　　图4-1-47　替换颜色

9. 替换颜色操作。双击工具箱【魔棒工具】

第二节　自由图案绘制

一、动物纹方巾图案绘制

（一）动物纹图案效果（图4-2-1）

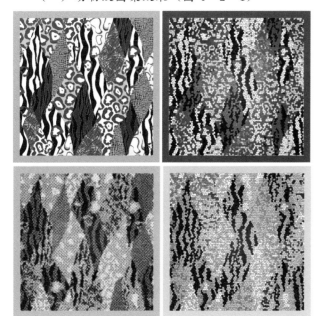

图4-2-1　动物纹图案效果

（二）操作步骤

1. 单击【色板面板】中的"色板库"菜单按钮，在下拉菜单中选择【图案/自然/动物皮】，弹出面板（图4-2-2）。分别选中"斑马纹"和"美洲虎"，将其拖放至页面中，在"美洲虎"纹对象上右键单击执行【取消编组】，然后选择工具箱【魔棒工具】，单击颜色并替换。重复操作，修改"美洲虎"纹的颜色，完成后将其拖放至【色板面板】中，生成新的图案色板（图4-2-3）。

图4-2-2　动物皮

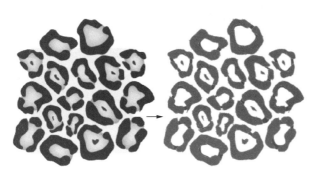

图 4 - 2 - 3　颜色调整

2. 根据设计需要改变"斑马纹"外观造型，完成后将其拖放至【色板面板】中，生成新的图案色板（图 4 - 2 - 4）。重复操作，调整其他动物纹颜色（图 4 - 2 - 5）。

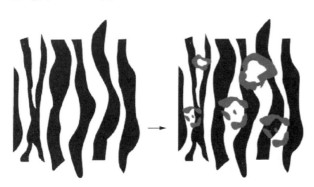

图 4 - 2 - 4　调整图形

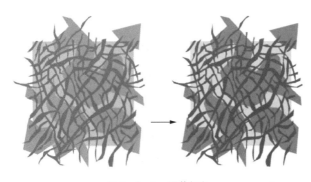

图 4 - 2 - 5　调整颜色

3. 选择【矩形工具】绘制一个 45cm × 45cm 正方形，填充任意的颜色。单击工具箱【铅笔工具】 ✐，在正方形中绘制多条交叉的曲线（图 4 - 2 - 6）。

4. 全选对象，执行菜单【对象/实时上色/建立】快捷键【Alt + Ctrl + X】，单击工具箱【实时上色】工具 ⛴，单击【色板面板】中的图案色板，然后分别单击上色区域（图 4 - 2 - 7）。

5. 全选对象，执行菜单【对象/扩展】命令，弹出对话框（图 4 - 2 - 8），勾选"对象""填充"

"描边"，单击【确定】。然后右键单击执行【取消编组】，然后删除所有曲线（图 4 - 2 - 9）。

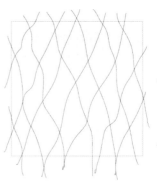
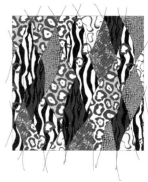

图 4 - 2 - 6　绘制对象　　　图 4 - 2 - 7　实时上色

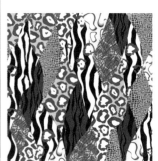

图 4 - 2 - 8　扩展对话框　　图 4 - 2 - 9　扩展后删除线条

6. 用【矩形工具】再次绘制一个 50cm × 50cm 正方形，填充颜色后置于对象的最底层（图 4 - 2 - 10）。

7. 选择上方对象，执行【效果/纹理/染色玻璃】命令，设置参数"单元大小 8""边框粗细 2""光照强度 2"，然后单击【确定】，修改底层矩形颜色，得到效果（图 4 - 2 - 11）。

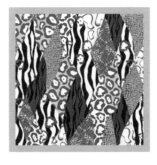
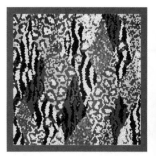

图 4 - 2 - 10　添加背景矩形　图 4 - 2 - 11　染色玻璃效果

8. 再次选中对象，执行【效果/像素/彩色半调】，弹出对话框，设置如图（图4-2-12）。得到图形（图4-2-13）。单击【重新着色图稿】按钮◉，修改调整颜色（图4-2-14）。

图4-2-12　参数设置

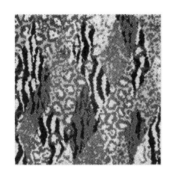

图4-2-13　彩色半调效果

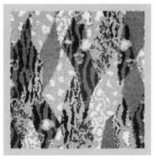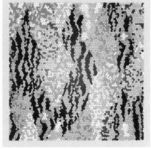

图4-2-14　调整颜色

二、手绘效果花卉图案绘制

（一）手绘图案效果（图4-2-15）

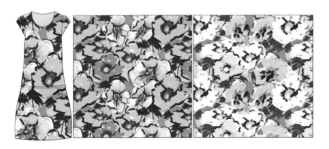

图4-2-15　手绘图案效果

（二）操作步骤

1. 绘制背景。选中工具箱【画笔工具】，单击【画笔面板】中右上角的画笔菜单按钮，在下拉菜单中单击【打开画笔库/艺术效果/艺术效果－画笔】，弹出画笔面板（图4-2-16），在面板中选择合适画笔效果和颜色，并根据设计需要在属性栏中设置"画笔描边粗细"描边8pt，绘制多条路径（图4-2-17）。

图4-2-16　画笔面板　　　　图4-2-17　画笔绘制

2. 选中图形，打开【透明度面板】，分别给每个对象不同数值的透明，完成后按住【Ctrl＋G】编组对象（图4-2-18）。选中编组后的对象，配合【At】键进行移动复制，复制多个对象，铺满整个背景【图4-2-19】。

图4-2-18　透明对象　　　　图4-2-19　移动复制对象

3. 绘制花卉。选择【画笔工具】，根据需要挑选合适的【艺术效果－画笔】和颜色绘制花朵造型（图4-2-20）。

图4-2-20　绘制花朵

4. 将花卉移至背景中，然后运用移动复制、自由变换 、倾斜 ⬈、重新着色图稿 ⬤ 等命令修改花朵造型，使其富于变化（图4-2-21）。根据设计需要添加叶子，操作方法同花朵绘画（图4-2-22）。

图4-2-21　组合花卉

图4-2-22　添加叶子

5. 全选图形对象，配合【Alt＋Shift】键，水平移动复制对象，有重叠覆盖的地方根据情况调整顺序（图4-2-23）。

图4-2-23　水平移动复制对象

6. 全选对象，配合【Alt＋Shift】键，垂直移动复制对象，有重叠覆盖的地方根据情况调整顺序，如果交接的地方空隙很大，可以复制添加花朵（图4-2-24）。

7. 选择【矩形工具】，绘制一个矩形作为定界框，去掉定界框的描边和填充颜色，并置于对象的最底层（图4-2-25）。注意定界框包含的对象必须是一个循环单元，否则填充后的印花会有错接。

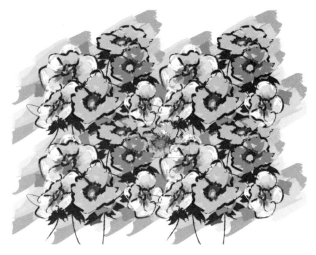

图4-2-24　垂直移动复制对象

图4-2-25　绘制定界框

8. 全选对象，将其拖放至【色板面板】中，生成图案色板。打开一幅矢量款式图，将生成的图案填充其中，如果大小比例不合适，通过菜单【对象/变换/缩放】调整图案大小，最后得到效果（图4-2-26）。

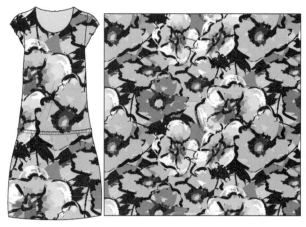

图4-2-26　填充后效果

第三节　特殊工艺印花图案绘制

一、数码扎染图案绘制

（一）数码扎染图案效果（图4-3-1）

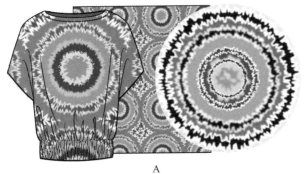

A

B

图4-3-1　数码扎染图案效果

（二）图4-3-1中A操作步骤

1. 选择【椭圆】工具绘制一个正圆，填充颜色R255、G240、B0，描边颜色R243、151、GB0（图4-3-2中a）。

2. 选中对象，执行菜单【对象/扩展】命令，弹出对话框，单击【确定】按钮。鼠标右键单击执行【取消编组】。选中外轮廓对象，执行菜单【效果/扭曲和变换/粗糙化】，弹出"粗糙化"面板（图4-3-2），设置大小为3%，细节为100%，勾选"相对"和"尖锐"，预览合适后单击【确定】（图4-3-2中b）。

3. 选中图4-3-2中b外轮廓对象，执行【效果/模糊/径向模糊】，弹出对话框（图4-3-3），设置参数，单击【确定】。然后再次执行【高斯模糊】，在弹出的对话框中设置"半径"为1.4像素，单击【确定】按钮，得到图4-3-2中c。

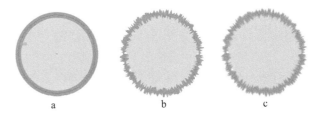

a　　　　　　　b　　　　　　　c

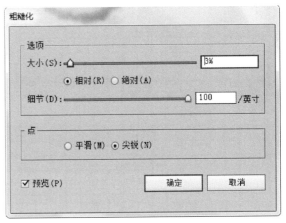

图4-3-2　粗糙化设置

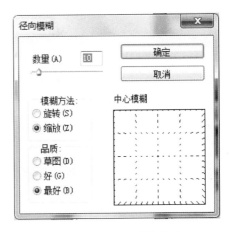

图4-3-3　径向模糊设置

4. 选中图4-3-2中c中的外轮廓对象，单击【Ctrl+C】复制对象，单击【Ctrl+F】贴在前面，按住【Alt+Shift】将其放大，得到图4-3-4中d。

5. 选中图4-3-2中c中的内圆对象，单击【Ctrl+C】复制对象，单击【Ctrl+B】贴在后面，按住【Alt+Shift】将其放大，得到图4-3-4中e。修改放大后对象的颜色（图4-3-4中f）。

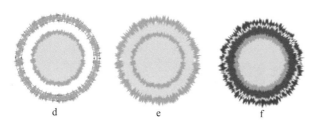

图 4-3-4　图案绘制过程

6. 重复第 4、第 5 步操作，继续复制放大图形（图 4-3-5 中 g）。用【椭圆】工具绘制一个正圆作为背景（图 4-3-5 中 h）。根据设计需要，可修改替换其他的颜色（图 4-3-5 中 i）。

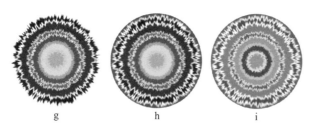

图 4-3-5　数码扎染图案效果

7. 用【矩形】工具配合【Alt＋Shift】键，从中央往外的正方形作为定界框，去掉填充和描边色，单击【Ctrl＋Shift＋[】，将其置于最底层。然后全选对象，将其拖放至【色板】面板中，创建成图案色板，应用色板效果（图 4-3-6）。

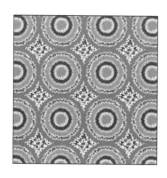

图 4-3-6　色板应用效果

（三）图 4-3-1 中 B 操作步骤

1. 选择工具箱【星形工具】 ☆，然后在页面中单击，弹出对话框（图 4-3-7），设置参数后单击【确定】按钮，得到图形（图 4-3-8），参数数值不同，得到的图形效果也会不同。

2. 填充颜色 ■ R215、G0、B80，选中对象执行菜单【效果/扭曲和变换/波纹效果】命令，弹出对话框（图 4-3-9），设置参数后单击【确定】按钮，得到图形（4-3-10）。

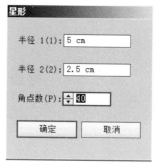
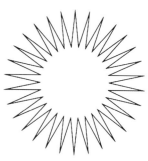

图 4-3-7　星型设置　　　　图 4-3-8　绘制星型

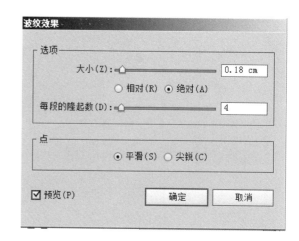

图 4-3-9　波纹设置

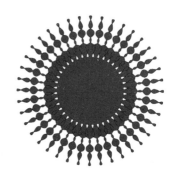

图 4-3-10　波纹效果

3. 选中对象，执行菜单【效果/模糊/径向模糊】命令，弹出对话框（图 4-3-11），设置参数后单击【确定按钮】，得到图形（图 4-3-12）。

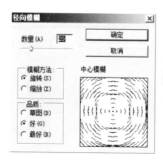

图 4-3-11　模糊设置　　　　图 4-3-12　旋转模糊

4.选中对象，单击【Ctrl＋C】复制对象，单击【Ctrl＋F】，将其贴在前片，然后配合【Shift＋Alt】键比例缩放对象，并修改颜色填充▨ R248、G182、B44（图4－3－13）。

5.重复操作，继续复制缩放对象，并填充不同的颜色，得到效果（图4－3－14）。

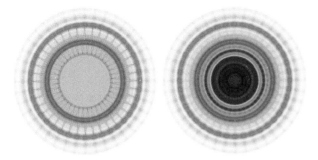

图4－3－13　复制并缩放　　图4－3－14　复制并缩放

6.选择【星型工具】，再次绘制一个星型，然后执行【效果/扭曲和变换/波纹效果】命令，弹出对话框设置"大小"为0.1cm，"隆起数"为4，单击【确定】。执行【效果/模糊/径向模糊】命令，弹出对话框，设置"数量"为90，"模糊方法"为缩放，单击确定，得到图形（图4－3－15）。

7.选择对象，修改填充色为白色，然后将其移至前面已经完成的图形中，适当调整大小和顺序，效果满意为止，完成后单击【Ctrl＋G】编组对象（图4－3－16）。

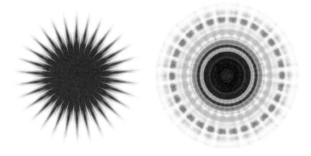

图4－3－15　缩放模糊　　图4－3－16　组合图形

8.选择编组后的对象，单击【变换面板】，设置宽、高均为10cm。双击工具箱【选择工具】 ▸，弹出移动对话框，设置如图（图4－3－17），单击【复制】按钮，得到图形（图4－3－18）。

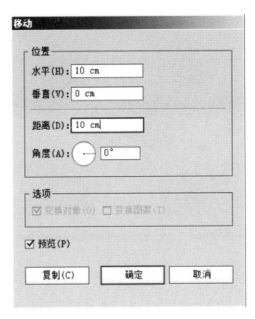

图4－3－17　移动对话框

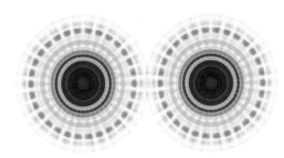

图4－3－18　移动复制

9.重复操作，得到图形（图4－3－19）。然后中间添加一个部分（图4－3－20）。

图4－3－19　移动复制

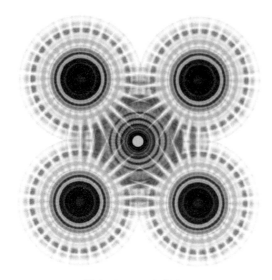

图 4 - 3 - 20　完善造型

10. 绘制一个 10cm×10cm 的正方形，去掉填充、描边，然后将其置于对象的最底层，全选后拖放至【色板】面板中，生成新的图案色板。再绘制一个 10cm×10cm 的正方形，填充图案色板，运用不同的比例缩放得到效果（图 4 - 3 - 21）。

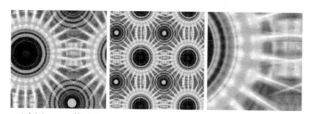

a 比例为100%的填充　b 比例为50%的填充　c 比例为250%的填充

图 4 - 3 - 21　不同的比例缩放

11. 选中图 4 - 3 - 21 中 c，执行【对象/变换/移动】命令，弹出对话框（图 4 - 3 - 22），勾选"预览"，根据设计需要调整"角度"（图 4 - 3 - 23）。

图 4 - 3 - 22　移动设置

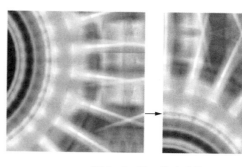

图 4 - 3 - 23　移动后效果

12. 选中对象，通过镜像复制得到图形（图4 - 3 - 24）。全选后执行【对象/栅格化】，然后将其拖放至【色板】面板中，生成新的图案色板并应用（图 4 - 3 - 25）。

图 4 - 3 - 24　镜像复制　　　图 4 - 3 - 25　色板填充

二、刺绣图案绘制

（一）刺绣图案效果（图 4 - 3 - 26）

图 4 - 3 - 26　刺绣图案效果

（二）操作步骤

1. 选择【螺旋线工具】，绘制三条螺旋线，配合【Ctrl】键，调整螺旋线的密度，配合【上下方向键】，调整圈数（图 4 - 3 - 27 中 a）。

2. 按住【A】键打开直接选择工具，单击螺旋线的锚点，根据设计需要调整造型（图 4 - 3 - 27 中 b）。

3. 全选对象，执行菜单【对象/扩展】，将对象扩展。按住【A】键修改调整锚点，改变造型（图 4 - 3 - 27 中 c）。

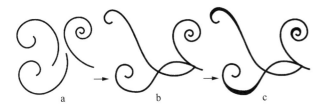

图 4-3-27　图形绘制与调整

4. 全选对象，修改填充颜色 R41、G72、B156。执行菜单【效果/风格化/涂抹】命令，弹出对话框（图 4-3-28），设置"紧密"，然后根据"预览"效果调整其他参数数值，得到效果（图 4-3-29）。

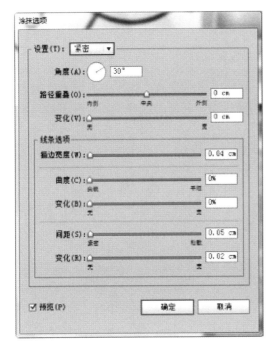

图 4-3-28　涂抹设置

图 4-3-29　紧密效果

5. 用【椭圆工具】绘制几个椭圆，填充颜色 R0、G162、B154。选中椭圆，执行【效果/风格化/涂抹】命令，弹出对话框（4-3-30），选择"自定义"，设置参数后得到效果（图 4-3-31）。

6. 全选对象，按住【Alt】键，移动复制对

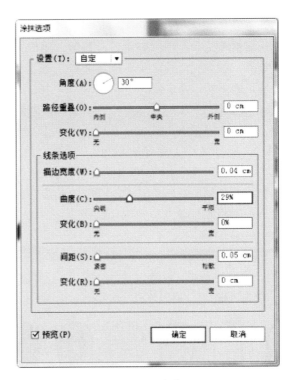

图 4-3-30　参数设置

象，然后通过旋转和缩放将其放置合适位置，并填充颜色 R162、G30、B44，按住【Ctrl＋G】编组对象（图 4-3-32）。

图 4-3-31　涂抹效果　　　图 4-3-32　复制添加

7. 选中编组后的对象，双击工具箱【镜像】，弹出镜像对话框，选择"垂直"镜像，单击【复制】按钮。按住【Shift】键，水平移动复制后的对象至合适位置（图 4-3-33）。

图 4-3-33　镜像复制

8. 绘制花瓣。用椭圆工具绘制一个椭圆（图 4-3-34 中 e），单击【Shift＋C】打开转换锚点工具，

单击椭圆下方锚点（图4-3-34中f）。按住【P】键切换到钢笔工具，按下键盘【-】键，删除左右两个锚点，按住【A】切换到直接选择工具，拖动上方锚点的手柄，修改弧线（图4-3-34中g）。

9. 填充颜色 R220、G120、B121，描边颜色 R137、G120、B121（图4-3-34中h）。执行【对象/扩展】命令，弹出对话框，勾选"填充""描边"，单击【确定】。选择【网格工具】，单击中间对象，添加网格，按住【A】切换到直接选择工具，选中网格点，填充颜色 R197、G23、B32（图4-3-34中i）。

10. 选择轮廓对象，执行【效果/扭曲和变换/粗糙化】，弹出对话框，设置"大小"为1%，"细节"100，单击【确定】，得到效果（图4-3-34中j）。

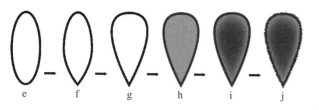

图4-3-34 绘制花瓣

11. 选择【弧形】工具绘制一个四边形（图4-3-35中k），方法参照第一章第一节中图1-1-11。双击【旋转】工具，在对话框中输入角度45°，单击【复制】按钮，然后在中央绘制一个小正方形（图4-3-35中L）。

12. 将花瓣对象移至合适位置，执行菜单【视图/标尺/显示标尺】，然后鼠标放在标尺上不松手，拖出两条辅助线相交于对象的中心点。选中花瓣，单击【旋转】工具，按住【Alt】键单击辅助线的交点，弹出"旋转"对话框，输入角度90°，单击【复制】按钮，然后单击两次【Ctrl+D】再复制对象（图4-3-35中m）。

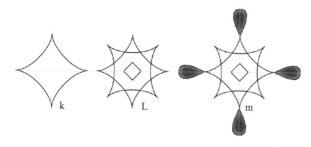

图4-3-35 花瓣组合

13. 选中花瓣，按住【Alt】键复制并移开，配合【Shift】键成比例缩放，放置在合适位置

（图4-3-36中n）。选中刚刚复制的几个花瓣，单击【旋转】工具，按住【Alt】键单击辅助线的交点，弹出"旋转"对话框，输入角度90°，单击【复制】按钮，然后单击两次【Ctrl+D】再制对象（图4-3-36中o）。

14. 选中四边形，执行菜单【效果/风格化/涂抹/】，弹出对话框，选"紧密"，根据需要设置参数，完成后单击【确定】按钮（图4-3-36中p）。

图4-3-36 旋转复制

15. 根据设计需要，将两个图形进行组合，并适当调整位置。如果觉得线条过于单薄，可以按住快捷键【A】，用直接选择工具继续调整锚点，修改曲线造型（图4-3-37）。

图4-3-37 刺绣图案效果

16. 调入一张款式矢量图，填充颜色 R223、G163、B200（图4-3-38）。将图案放置于款式中的合适位置，并根据设计需要调整大小（图4-3-39）。

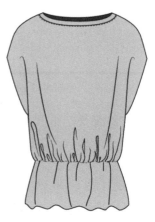

图4-3-38 调入款式图　　　图4-3-39 图案填充效果

三、贴花文字图案绘制

（一）贴花文字图案效果（图4－3－40）

图4－3－40 贴花文字效果

（二）操作步骤

1. 输入字体。在工具箱中点击【文字】工具 T，输入字体，字体以短粗字体最好（图4－3－41）。（技巧：字体造型可以通过各类字体网站下载后，复制到 C：\WINDOWS\Fonts 下就可以）。

图4－3－43 字距参数设置

图4－3－41 输入文字

2. 调整字体间距。单击【选择】工具 选中字体，执行菜单【窗口/文字/段落样式】命令，弹出对话框。点击对话框右上角的下拉菜单按钮 ，选择【段落样式选项】命令（图4－3－42）。弹出对话框（图4－3－43），选择【基本字符格式】，将"字距调整"设置为150，完成后点击【确定】按钮，得到效果（图4－3－44）

图4－3－42 段落样式选项

图4－3－44 字距调整后效果

3. 添加新描边。选中文字对象，执行菜单【窗口/外观】，调出【外观】面板，单击面板右上角的下拉菜单按钮 ，执行【添加新描边】命令。在【外观】面板中修改"填充"与"描边"颜色，描边粗细设置为6pt（图4－3－45），完成后单击【Enter】键，得到效果（图4－3－46）。

图4－3－45 描边设置

图4－3－46 描边后效果

4. 移动描边图层。选中文字对象，在【外观】面板中，鼠标放在【描边】图层中，然后按住鼠标左键不松手，将【描边】移至【填充】图层的下方，得到效果（图 4 - 3 - 47）。

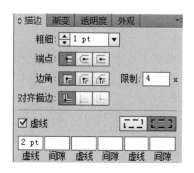

图 4 - 3 - 47　将"描边"移至"填充"图层的下方

5. 添加新描边。选中文字对象，在【外观】面板中执行【添加新描边】命令，将描边色改成黑色，粗细为 1pt。在【描边】面板（图 4 - 3 - 48）中勾选虚线，设置虚线 2pt，间隙 1pt，得到效果（图 4 - 3 - 49）。

图 4 - 3 - 48　虚线设置

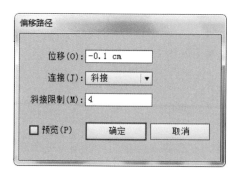

图 4 - 3 - 49　新描边效果

图 4 - 3 - 50　偏移路径设置

6. 位移虚线描边。选中文字对象，在【外观】面板中，单击虚线描边图层后，执行菜单【效果/路径/位移路径】命令，弹出对话框（图 4 - 3 - 50），通过【预览】调整位移数值，合适后点击【确定】按钮，效果（图 4 - 3 - 51）。

图 4 - 3 - 51　虚线描边位移后效果

7. 添加新描边。选中文字对象，在【外观】面板中执行【添加新描边】命令，将描边色改成浅色，粗细为 1pt，效果（图 4 - 3 - 52）。位移浅色描边，然后执行【效果/路径/位移路径】命令，位移描边，得到效果（图 4 - 3 - 53）。

图 4 - 3 - 52　添加浅色描边

图 4 - 3 - 53　位移浅色描边

8. 添加锯齿形缝线效果。选中文字对象，在【外观】面板中单击浅色描边图层后，执行菜单【效果/扭曲和变换/粗糙化】，弹出对话框，设置参数大小为 0，细节为 20/英寸（图 4 - 3 - 54），点击【确定】按钮。再次单击浅色描边图层，执行菜单【效果/扭曲和变换/波纹效果】，弹出对话框，设置参数（图 4 - 3 - 55），得到效果（图 4 - 3 - 56）。

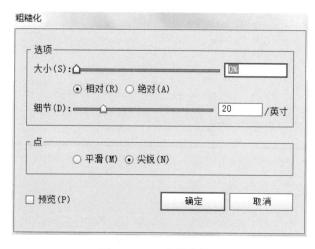

图 4 - 3 - 54　粗糙化设置

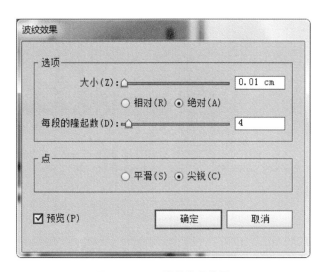

图 4 - 3 - 55　波纹效果设置

图 4 - 3 - 56　粗糙后波纹效果

9. 复制描边。选中文字对象，在【外观】面板中单击浅色描边图层后，单击【外观】面板下方【复制所选项目】按钮，修改描边色为蓝紫色，双击【位移路径】图层（图 4 - 3 - 57），弹出对话框，通过预览设置合适的位移数值（图 4 - 3 - 58），得到效果（图 4 - 3 - 59）。

图 4 - 3 - 57　修改描边颜色　　图 4 - 3 - 58　位移描边

图 4 - 3 - 59　最后效果

10. 建立图形样式。执行菜单【窗口/图形样式】命令，打开【图形样式】面板，选中文字对

象，将其拖放至【图形样式】面板中（图 4 - 3 - 60）。

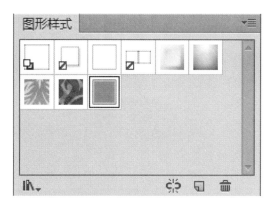

图 4 - 3 - 60　建立图形样式

11. 在工具箱中点击【文字】工具 T，输入文字并可以修改字体，选中文字对象后，点击【图层样式】面板中刚刚拖放进去的样式，得到图形（图 4 - 3 - 61）。

图 4 - 3 - 61　复制图形样式

12. 绘制路径文字。用【钢笔工具】绘制一条弧线路径，单击工具箱【文字】工具，将鼠标移至路径上，并输入文字（图 4 - 3 - 62）。

13. 选中文字对象，单击【图层样式】面板中的文字样式，复制图形样式。选中数字文字对象，单击控制面板中的【重新着色】按钮 ⊛，弹出"重新着色图稿"对话框，单击"随机更改颜色"按钮 ▦，挑选合适的颜色，按住【Ctrl＋G】编组对象（图 4 - 3 - 63）。

图 4 - 3 - 62　输入路径文字

图 4 - 3 - 63　复制图形样式

图 4 - 3 - 64　最后效果

14. 调入一张 T 恤款式图，将编组后的图形移至款式图的合适位置（图 4 - 3 - 64）。

本章小结

本章以条纹图案、复杂几何纹图案、规则花纹图案、动物图案、手绘效果图案、扎染图案、刺绣图案、文字图案进行实例绘制。

绘图操作技巧提示：

1. 按住【Ctrl＋D】再次复制对象，对于绘制重复的图形非常有效。

2. 双击【选择】工具，可以精确移动对象。

3. 按住【Ctrl＋J】连接不闭合的对象。

4. 执行菜单【对象/路径/分割下方对象】命令，可以分割对象。

5. 执行菜单【对象/图案/建立】命令，可以创建新图案。

6. 执行菜单【对象/实时上色/建立】命令，可以在一个对象中分区域填充颜色或图案。

7.【画笔面板】中的艺术效果—画笔，可以绘制不同手绘风格效果的对象。

8. 执行菜单【效果/扭曲和变换/粗糙化】命令，可以粗糙对象。

思考练习题

完成下图的绘制。知识要点：先绘制基础图形，然后绘制定界框，创建成新的"色板"图案，最后应用色板。

第五章
服装面料绘制

在服装产品开发的过程中，面料绘制的表现能够以"提前预览"的形式较为详实地表达最终成品的外观样式，有助于其他部门工作人员在生产和制造的过程中理解和把控服装产品质量。

第一节　梭织面料绘制

一、格子面料绘制

（一）格子面料效果（图 5-5-1）

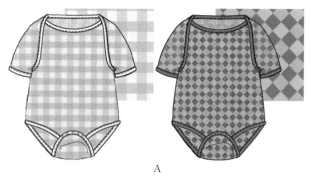

A
简单格子效果

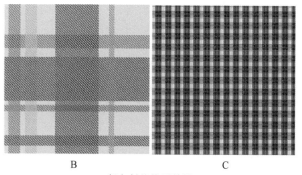

B　　　　　　　　C
复杂斜纹格子效果

图 5-1-1　格子面料效果

（二）图 5-1-1 中 A（简单格子）操作步骤

1. 选择【矩形】工具，在页面中单击，弹出对话框，设置参数，绘制一个 1cm×2cm 的矩形，填充任意单色，去掉描边，不透明度为 90%，然后双击【旋转】工具，旋转 90°，单击【复制】按钮，并修改颜色，不透明度为 60%（图 5-1-2）。

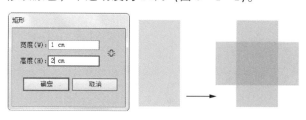

图 5-1-2　绘制基础图形

2. 用【矩形】工具绘制一个 2cm×2cm 的矩形，填充任意单色（图 5-1-3）。置于图形下方，去掉描边。

3. 全选对象，将其拖放至【色板】面板中，创建成新的图案色板。用【矩形】工具绘制一个 15cm×15cm 的矩形，然后单击【色板】中的格子图案色板，得到效果（图 5-1-4）。

4. 用【矩形】工具绘制一个 1cm×1cm 的矩形，双击【旋转】工具，旋转 45°，单击【Alt＋Shift】键水平移动复制，再垂直移动复制（图 5-1-5）。

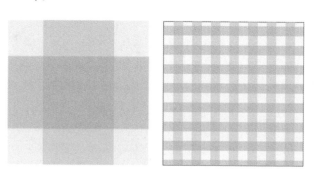

图 5-1-3　填充背景　　　图 5-1-4　色板填充

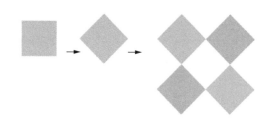

图 5-1-5　绘制基础图形

5. 全选对象，将其拖放至【色板】面板中，创建成新的图案色板。用【矩形】工具绘制一个 15cm×15cm 的矩形，填充任意单色（图 5-1-6）。单击【Ctrl＋C】复制对象，单击【Ctrl＋B】贴在后面。然后单击【色板】中的格子图案色板，得到效果（图 5-1-7）。

图 5-1-6 填充背景　　　图 5-1-7 色板填充

6. 调入一张款式图，分别用刚刚建立的图案色板进行填充，根据设计需要可以添加一些纹理。执行菜单【效果/纹理/颗粒】，弹出对话框，选择"颗粒类型"为"结块"，得到效果（图 5-1-8）。

图 5-1-8 色板填充并添加纹理

（三）图 5-1-1 中 B（复杂斜纹格子）操作步骤

1. 打开菜单【视图/智能参考线】。用【矩形】工具绘制一个 1cm×1cm 的矩形。用【直线段】工具配合【Shift】绘制一条倾斜 45°的斜线，将斜线移至矩形的斜对角。

2. 选中斜线，按住【Alt】键复制移动至上角点，重复操作再复制一条至下角点。选中三条斜线，设置描边为 6pt，描边色为浅灰色（图 5-1-9）。

3. 选中矩形背景，单击【Ctrl＋C】复制一个，然后单击【Ctrl＋F】贴在前面，去掉填充和描边，单击【Shift＋Ctrl＋［】置于最底层。全选对象，将其拖放至【色板】面板中，创建一个色板。

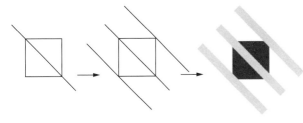

图 5-1-9 绘制基础图形

4. 选中矩形背景，修改颜色，然后全选对象，将其拖放至【色板】面板中，创建另一个色板，反复操作可以添加多个色板（图 5-1-10）。

5. 选择【矩形】工具绘制一个 10cm×10cm 的矩形。单击【Ctrl＋C】复制一个，然后单击【Ctrl＋F】贴在前面，按住【Alt】键缩放至中央（图 5-1-11）。

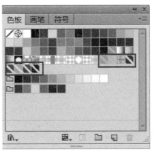

图 5-1-10 创建多个不同　图 5-1-11 复制缩放对象
底色的色板

6. 单击【色板】中的图案色板并通过【对象/变换/缩放】调整图样大小（图 5-1-12）。重复上一步操作，复制并缩放对象后，选择【吸管】工具单击页面中的调整图样大小后的对象，然后单击【色板】面板中的另一个色板图案，可以改变颜色，不透明度为 70％（图 5-1-13）。

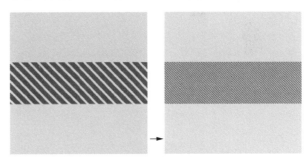

图 5-1-12 调整图样大小

图 5-1-13 缩放并填充色板

7. 重复第五第六步骤，复制缩放添加多个矩形（图 5-1-14）。根据设计需要，可以挑选【色板】中创建的色板进行颜色的调换（图5-1-15）。

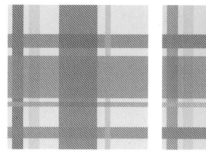
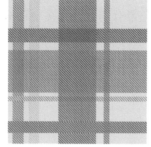

图5-1-14　设计格子造型　　　图5-1-15　调换颜色

8. 全选对象，执行【对象/栅格化】命令，然后将其拖放至【色板】面板中，生成格子面料图案色板。

9. 调入一张款式图，应用填充"格子面料"色板，根据设计需要可以通过【对象/变换/】中的命令旋转和缩放对象，得到效果（图5-1-16）。

图5-1-16　色板填充小效果

（四）图5-1-1中C（复杂斜纹格子）操作步骤

1. 用矩形工具配合【Shift】键，绘制一个正方形，填充颜色 R234、G203、B183。选中正方形，单击【Ctrl+C】，然后单击【Ctrl+F】将其贴在前面并水平缩放，填充颜色 R49、G19、B22。

2. 重复操作添加另一对象，填充颜色 R167、G56、B35，并设置不透明度70%。选中该对象后双击【旋转工具】，在弹出的对话框中输入90°，单击【复制】按钮，然后移动至合适位置（图5-1-17）。

3. 重复上面的操作，继续添加复制和缩放对象，根据设计需要可以设置不同的不透明度值（图5-1-18）。

图5-1-17　绘制图形

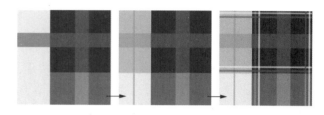

图5-1-18　复制、缩放、组合对象

4. 全选对象后，单击【Ctrl+G】编组对象，执行菜单【对象/图案/建立】命令，在弹出"图案选项"对话框中选择拼贴类型为"网格"，然后单击属性栏中的"存储副本"按钮，弹出"新建图案"对话框，设置图案名称后单击【确定】按钮，然后单击属性栏中【完成】按钮。

5. 用矩形工具绘制一个矩形，单击【色板面板】中保存的图案，如果要修改图案的大小，执行菜单【对象/变换/缩放】命令即可，得到效果（图5-1-19）。

6. 打开一幅矢量款式图，进行图案的填充，如果需要调整图案的旋转角度，执行菜单【对象/变换/旋转】命令即可，完成效果（图5-1-20）。

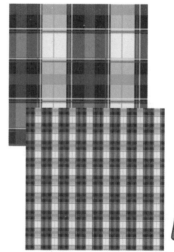

图5-1-19　图案色板效果　　图5-1-20　填充服装后效果

二、牛仔面料绘制

（一）牛仔面料效果（图 5 - 1 - 21）

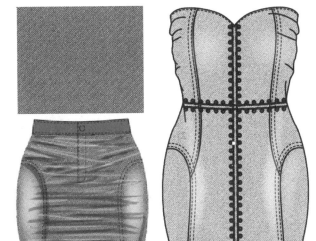

图 5 - 1 - 21 牛仔面料效果

（二）操作步骤

1. 用【矩形工具】绘制一个矩形，填充颜色 ■ R64、G106、B178，然后执行菜单【效果/纹理/颗粒】命令，弹出对话框，设置参数"强度"为 64，"对比度"为 51，单击【确定】按钮（图 5 -1 -22）。

2. 选中对象，单击【Ctrl＋C】，然后单击【Ctrl＋F】贴在前面，打开【色板面板】中"色板库菜单"按钮 ，执行【图案/基本图形/纹理/对角线】。执行【对象/变换/缩放】命令调整斜线的疏密，打开【透明度面板】，选择"滤色"模式，得到效果（图 5 - 1 - 23）。

图 5 - 1 - 22 添加颗粒效果　　图 5 - 1 - 23 添加斜纹效果

3. 全选对象，执行【对象/图案/建立】命令，在弹出的对话框中选择"网格"拼贴类型，调整"宽度"和"高度"，单击属性栏【存储副本】按

钮，新建图案后，单击属性栏【完成】按钮。打开一幅矢量款式图（图 5 - 1 - 24），填充牛仔面料图案（图 5 - 1 - 25）。

图 5 - 1 - 24　款式图　　　图 5 - 1 - 25　填充面料

4. 用【钢笔工具】绘制一个封闭的区域，填充白色，去掉轮廓色。执行菜单【效果/风格化/羽化】，设置参数，得到洗水效果（图 5 - 1 - 26）。

图 5 - 1 - 26　羽化对象

5. 选择【画笔工具】，在画笔库中选择一种画笔，去掉填充色，保留轮廓色，在裙身上绘制暗色衣纹褶皱。在【透明度面板】中设置"正片叠底"模式，"不透明度"为 40%。

6. 绘制亮色衣纹褶皱，设置轮廓色为白色，去掉填充色，不透明度为 30%，颜色模式为"正常"，根据需要绘制亮色褶皱（图 5 - 1 - 27）。

图 5 - 1 - 27　牛仔效果

第二节　针织面料绘制

针织面料是由线圈纵向或横向起圈勾连而成，每一个线圈均经过织针的套圈过程完成。本节以平纹组织和提花组织为例来进行绘制讲解。

一、平纹组织绘制

（一）平纹针织面料效果（图 5-2-1）

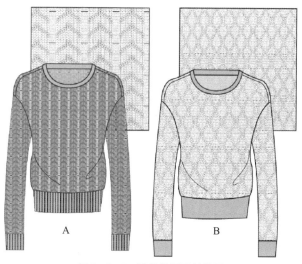

图 5-2-1　平纹针织面料效果

（二）图 5-2-1 中 A 操作步骤

1. 绘制基础图形（图 5-2-2），绘制方法参照第三章第三节中麻花绳线绘制。用【矩形工具】绘制一个定界框，去掉填充与描边并置于对象的最底层。全选基础图形拖放至【画笔】面板中，创建成"图案"画笔，命名为"人字纹"，根据需要设置"大小"，单击【确定】。

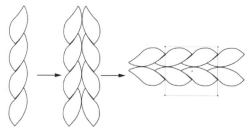

图 5-2-2　基础图形绘制

2. 用【椭圆工具】配合【Shift】键绘制两个正圆。用【直线段】工具在中央位置绘制一条水平线，全选对象，按住【Shift＋M】打开"形状生成器"单击上环和下环图形，按住【Alt】键单击中央两个小半圆，将其删除，然后删除水平线。用【选择】工具按住【Shift】键水平移动下环对象。然后再次按住【Alt＋Shift】移动复制，得到图形（图 5-2-3）。

图 5-2-3　基础图形绘制

3. 全选图形对象，双击【旋转】工具，弹出对话框，输入角度 90°。用【矩形】工具绘制一个定界框，去掉定界框的描边和填充并置于对象最底层。全选对象，将其拖放至【画笔】描边，创建成新的"平纹"图案画笔（图 5-2-4）。

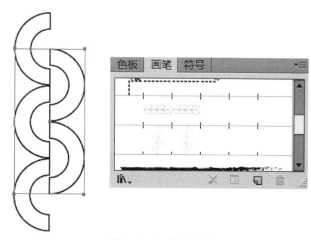

图 5-2-4　创建画笔

4. 用【直线段】工具绘制一条垂直线，然后单击【画笔】面板中的"人字纹"画笔（图 5-2-5），按住【Alt＋Shift】键水平移动复制，单击两次【Ctrl＋D】再制对象（图 5-2-6）。用【直线段】工具再绘制一条垂直线，然后单击【画笔】面板中的"平纹"画笔，并将其置于最底层。选中对象，按住【Alt＋Shift】键水平移动复制，得到图形（图 5-2-7）。

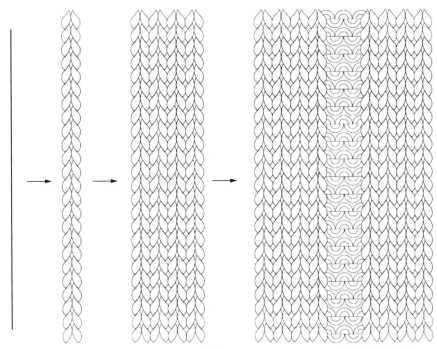

图 5-2-5　应用画笔　　图 5-2-6　水平复制　　图 5-2-7　应用画笔与复制

5. 用【直线段】工具绘制一条斜线，单击【Shift＋C】，然后单击斜线线段的两个锚点拖动手柄，将直线改为弧线造型（图 5-2-8）。然后单击【画笔】面板中的"人字纹"画笔，按住【A】键拖动锚点，适当调整位置（图 5-2-9）。

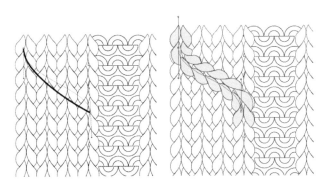

图 5-2-8　绘制路径　　　图 5-2-9　应用画笔

6. 选中对象，按住【Alt＋Shift】键垂直移动复制，得到效果（图 5-2-10）。

7. 选择【矩形】工具绘制一个定界框，定界框范围要包含一个循环的单元图形，然后取消填充和描边，并置于对象的最底层，完成后全选对象并将其拖放至【色板】面板中，创建一个新的图案色板。绘制一个矩形，单击新建的图案色板，填充效果（图 5-2-11）

8. 调入一张服装款式图，选中对象后单击【色板】中的图案色板（图 5-2-12）。调整图样大小，执行菜单【对象/变换/缩放】命令，弹出对话

框，根据需要设计比例，只需勾选"变换图案"，单击【确定】按钮（图 5-2-13）。

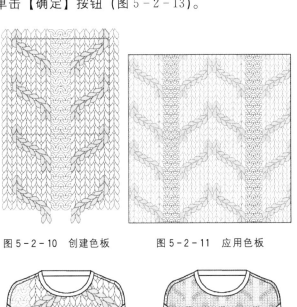

图 5-2-10　创建色板　　　图 5-2-11　应用色板

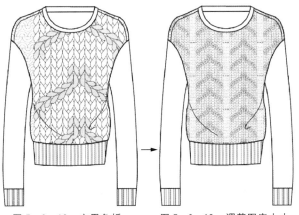

图 5-2-12　应用色板　　　图 5-2-13　调整图案大小

9. 调整图样位置，执行菜单平【对象/变换/移动】命令，在弹出的对话框中设置"水平""垂直"移动的数值即可。选中两个袖子，选择工具箱【吸管工具】，然后单击衣身、袖子填充色板。执行菜单【对象/变换/旋转】命令，在弹出的对话框中只要旋转图案即可，完成效果（5-2-14）。

10. 在"缩放"对话框中修改不同的比例，可以改变填充效果（图5-2-15）。

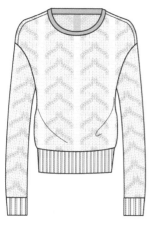

图5-2-14 完成效果　　　图5-2-15 改变缩放比例

11. 改变纹样颜色，要回到【画笔选项】对话框中，将着色方式由"无"改成"色相转换"，修改颜色后应用到对象中，然后重新创建成新的"图案色板"即可（图5-2-16）。

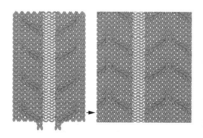

图5-2-16 不同颜色的应用

（三）图5-2-1中B操作步骤

1. 单击【画笔】面板中的"平纹"图案画笔，将其拖放至页面中，双击【旋转】工具将其90°旋转，右键单击执行【取消编组】，删除原来的画笔定界框。全选对象，按住【Alt+Shift】垂直移动复制对象，单击【Ctrl+D】再次复制一个。

2. 用【矩形】工具重新绘制色板定界框，"图案色板"的定界框不同于"图案画笔"定界框，它必须是上下左右四个方向无缝对接的循环单元，然后去掉填充和描边，并且置于对象的最底层（图5-2-17）。

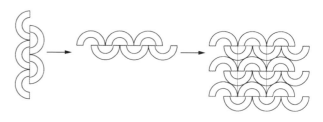

图5-2-17 绘制基础图形和色板定界框

3. 全选对象，将其拖放至【色板】面板中，创建成"平纹"图案色板。用【矩形】工具绘制一个20cm×20cm的正方形，填充单色，单击【色板】面板中的"平纹"图案色板（图5-2-18）。

4. 选中对象，执行【对象/扩展】，弹出"扩展"对话框，勾选"填充"，单击【确定】按钮。鼠标右键单击执行【取消编组】，再次单击右键执行【释放剪切蒙版】，删除矩形蒙版。如果对象中还有编组图形，请全选对象，再次右键单击执行【取消编组】和【释放剪切蒙版】。

5. 用【直线段】工具绘制一条垂直线，执行【效果/扭曲和变换/波纹效果】，弹出对话框，"大小"自由设计，"隆起数"为奇数，此处隆起数为7，选择"平滑"，单击【确定】。然后单击【画笔】面板中的"人字纹"画笔，执行菜单【对象/扩展外观】，双击【镜像】工具，将其镜像（图5-2-19）。

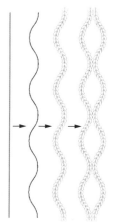

图5-2-18 色板填充　　　图5-2-19 画笔填充

6. 选中画笔图样，按住【Alt+Shift】键水平移动复制对象，多次单击【Ctrl+D】再次复制对象。用【矩形】工具绘制定界框（图5-2-20）。

7. 全选对象，将其拖放至【色板】面板中，创建新的图案画笔。打开服装款式图用色板图案填充，得到效果（图5-2-21）。

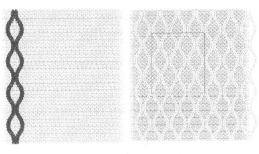

图 5－2－20　移动复制纹路

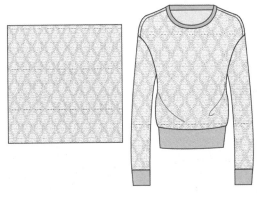

图 5－2－21　色板填充

二、提花组织绘制

提花针织中，一类是用不同颜色的纱线所织成的有图案的间色提花布，另一类是用坯纱，利用不同之线圈排列及结构所组成的净色提花布。

（一）提花效果（图 5－2－22）

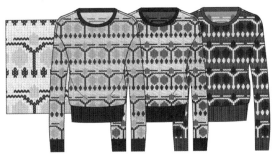

A　间色提花效果

B　净色提花效果

图 5－2－22　提花效果

（二）图 5－2－22 中 A（间色提花）操作步骤

1. 用【直线段】工具绘制一条垂直线，然后单击【画笔】面板中的"人字纹"画笔。执行菜单【对象/扩展外观】，然后右键单击执行【取消编组】，如果还有编组再次单击【取消编组】，直到对象中没有编组的对象为止。

2. 全选对象，按住【Alt＋Shift】键水平移动复制对象，多次单击【Ctrl＋D】再制对象（图 5－2－23）。

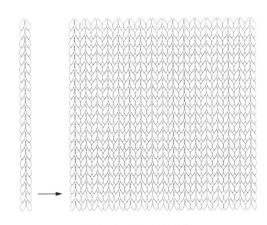

图 5－2－23　复制对象

3. 根据花纹设计需求，在对象中填充不同的颜色。选择【矩形】工具绘制一个定界框，然后去掉填充和描边，并且置于对象的最底层（图 5－2－24）。

图 5－2－24　创建图案色板　　图 5－2－25　背景底色

4. 全选对象，将其拖放至【色板】面板中个，生成图案色板。用矩形工具绘制一个 20＊20 矩形，并填充底色（图 5－2－25）。单击【Ctrl＋C】复制矩形，单击【Ctrl＋F】贴在前面，然后单击【色板】面板中刚刚创建的图案色板（图 5－2－26）。

5. 执行菜单【对象/变换/缩放】命令，弹出对话框，设置参数"等比缩放 30％"，勾选"变换图案"即可（图 5－2－27）。

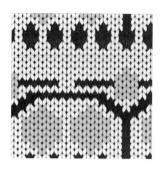 

图 5-2-26　色板填充　　　　图 5-2-27　修改图样大小

6. 修改纹样的配色。选中图 5-2-24，按住
【Alt】键移动复制，然后选中页面中所有图形（除
刚刚复制的图形之外），按住【Ctrl+2】锁定所选
对象。选择工具箱【魔棒工具】，单击对象的颜色
进行颜色替换（图 5-2-28），完成后重新创建成
另一个"图案色板"（图 5-2-29）。

图 5-2-28　替换颜色　　　　图 5-2-29　色板填充

7. 打开服装款式图，选中需要填充的部分
（图 5-2-30），单击【色板】面板中的图案色板，
然后根据需要修改图样大小和位置以及旋转等（图
5-2-31、图 5-2-32）。

图 5-2-30　色板填充　　　　图 5-2-31　修改大小

8. 全选图 5-2-32，单击【控件】面板中的
"重新着色图稿"按钮 ⊛，弹出对话框，在"编
辑"选项卡中，单击"随机更改颜色顺序"按钮，
可以达到不同的配色（图 5-2-33）。

图 5-2-32　多个配色

图 5-2-33　重新着色

（三）图 5-2-22 中 B（净色提花）操作步骤

1. 用【直线段】工具绘制一条垂直型，执行
【效果/扭曲和变换/波纹效果】，弹出对话框（图
5-2-34），设置大小为 0.5cm，隆起数为 5，选择
"平滑"。执行菜单【对象/扩展外观】，然后镜像复
制。选中曲线，单击【画笔】面板中的"人字纹"
画笔。用【铅笔】工具绘制螺旋图形，并应用画笔
（图 5-2-35）。

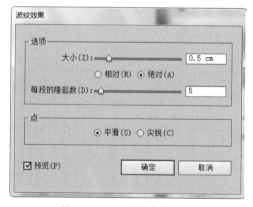

图 5-2-34　波纹参数设置

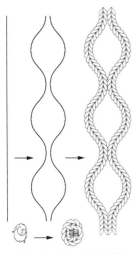

图 5-2-35　应用画笔

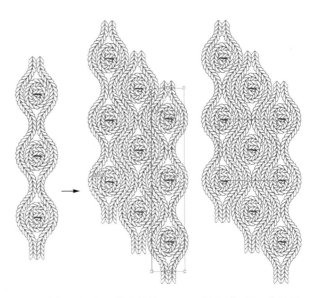

图 5-2-36　移动复制　　图 5-2-37　定界框

2. 用【选择】工具选择螺旋图形移至合适位置，按住【Alt】移动复制，在移动前建议显示辅助线（图 5-2-36）。

3. 用【矩形】工具绘制一个定界框，定界框的边界一定要对齐，建议调出辅助线，将有助于对齐，否则生成的图案色板将会有断层和接口现象（图 5-2-37）。

4. 全选对象，将其拖放至【色板】面板中，创建"图案色板"。应用效果（图 5-2-38）。

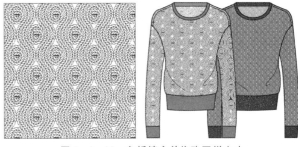

图 5-2-38　色板填充并修改图样大小

第三节　蕾丝面料绘制

蕾丝是网眼组织，最早由钩针手工编织而成，现在大多数由机器织造。蕾丝面料质地轻薄而通透，具有优雅而神秘的艺术效果，被广泛地用于女性的贴身衣物。

一、网眼镂空蕾丝绘制

（一）网眼镂空效果（图 5-3-1）

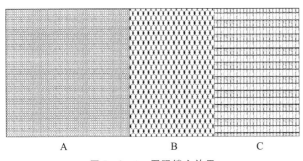

A　　　　　　　B　　　　　　C

图 5-3-1　网眼镂空效果

（二）图 5-3-1 中 A 操作步骤

1. 用【直线段工具】绘制一条垂直线，执行菜单【效果/扭曲和变换/波纹效果】，弹出对话框（图 5-3-2），进行参数设置后单击【确定】。执行【对象/扩展外观】。双击【镜像】按钮，镜像对象，然后用【矩形】绘制一个定界框（图 5-3-3）。

图 5-3-2　参数设置

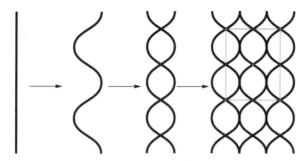

图5-3-3 线段变形

2. 全选对象，将其拖放至【色板】面板中，创建图案色板。用【矩形】工具绘制一个15cm×15cm的矩形，单击【色板】面板中的图案（图5-3-4）。执行菜单【对象/变换/缩放】，弹出对话框，根据需要设置参数即可（5-3-5）。

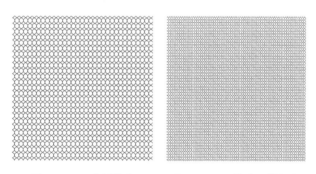

图5-3-4 色板填充　　图5-3-5 修改图样大小

（三）图5-3-1中B操作步骤

1. 选中图5-3-3，调整曲线位置得到图5-3-6中a。全选图5-3-6中a，按住【Shift＋M】打开"形状生成器"单击图5-3-6中a中的相交部分，然后填充黑色，得到图5-3-6中b。全选图5-3-6中b，按住【Alt＋Shift】键水平移动复制对象，得到图5-3-6中c。按住【Shift＋M】打开"形状生成器"单击图5-3-6中c中的相交部分，然后填充黑色，得到图5-3-6中d。

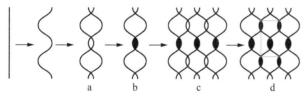

图5-3-6 绘制基础图形的过程

2. 用【矩形】工具绘制定界框，定界框框选的范围不同，生成的色板也将发生很大的改变（图5-3-7）。

（四）图5-3-1中C操作步骤

1. 选中图5-3-3，选中曲线45°得到图5-3

-8中a，选中此a，双击【镜像】工具，镜像复制对象（图5-3-8中b）。按住【Alt＋Shift】键水平移动复制对象，按住【Ctrl＋D】再次复制对象，得到图5-3-8中c。

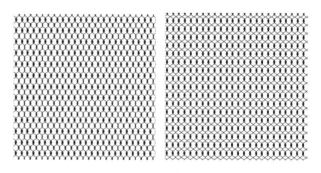

图5-3-7 定界框范围不同形成的色板

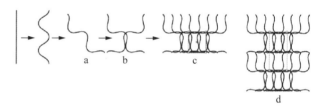

图5-3-8 基础图形绘制过程

2. 选中图5-3-8中c，按住【Alt＋Shift】键垂直移动复制对象，得到图5-3-8中d。分别在图c和图d中绘制定界框，定界框范围不同，生成的色板图形也会不同（图5-3-9）。

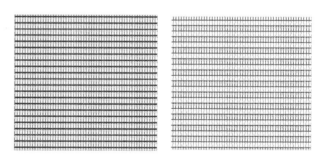

图5-3-9 图5-3-8中c色板填充和图5-3-8中d色板填充效果

二、网眼提花蕾丝绘制

（一）网眼提花效果（图5-3-10）

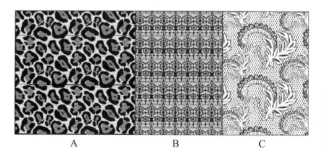

A　　　　　B　　　　　C

图5-3-10 网眼提花效果

（二）图5-3-10中A操作步骤

1. 用【直线段】绘制一条斜线，双击【镜像】工具复制镜像。然后再绘制两条水平线（图5-3-11）。

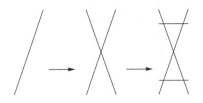

图5-3-11　绘制基础图形

2. 全选对象，执行菜单【对象/图案/建立】，设置名称为"底纹网格"，类型为"网格"，份数"3×3"，完成单击上方"完成"按钮（图5-3-12）。

3. 单击【色板菜单】按钮 ，执行【打开色板库/图案/自然/动物皮】，选择"美洲虎"，将其拖放至页面中，右键单击【取消编组】。选择【魔棒】工具选中颜色，修改替换颜色，灰色不透明度为50%（图5-3-13）。

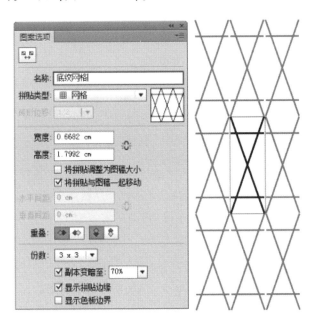

图5-3-12　创建图案

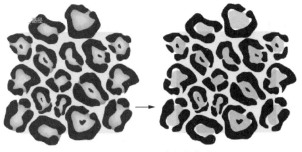

图5-3-13　修改豹纹颜色

4. 选中背景方块，单击【色板】面板中的"底纹网格"图案，执行菜单【对象/变换/缩放】，根据需要设置参数后单击【确定】（图5-3-14）。

5. 选中网格背景，执行【对象/扩展】，弹出对话框，单击【确定】。单击【Ctrl＋C】复制网格，单击【Ctrl＋F】将其贴在前面，然后去掉填充，单击【Shift＋Ctrl＋［】将其置于最底层。全选对象，将其拖放至【色板】面板中，创建成新的图案色板。【矩形】工具绘制一个15cm×15cm的矩形，应用填充（图5-3-15）。

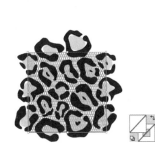 

图5-3-14　修改底纹　　　图5-3-15　色板填充
图样大小

6. 调入一张矢量款式图，将其进行色板填充，得到效果（5-3-16）。

图5-3-16　色板填充效果

（三）图5-3-10中B操作步骤

1. 根据设计需要绘制基础图形或者打开第三章第四节中图3-4-4，适当调整图形的位置重新组合（图5-3-17）。全选对象，按住【Alt＋Shift】垂直移动复制对象（图5-3-18）。

2. 用【矩形】工具绘制一个矩形定界框，选中定界框，单击【色板】面板中的"镂空"图案色板，然后执行【对象/变换/缩放】调整图样大小（图5-3-19）。

图 5-3-17　修改图形　　　图 5-3-18　移动复制　　　图 5-3-19　添加底纹

3. 选中底纹矩形，执行【对象/扩展】，弹出对话框，单击【确定】按钮。单击【Ctrl＋C】复制底纹对象，单击【Ctrl＋F】将其贴在前面，然后去掉填充和描边，单击【Shift＋Ctrl＋［】将其置于最底层。

4. 全选对象，将其拖放至【色板】面板中，创建成新的图案色板。调入矢量款式图，将其进行色板填充，得到效果用（图 5-3-20）。

图 5-3-20　色板填充效果

（四）图 5-3-10 中 C 操作步骤

1. 绘制基础图形（图 5-3-21）。全选对象，执行菜单【效果/扭曲和变换/粗糙效果】，弹出对话框，设置参数（图 5-3-22）。

图 5-3-21　绘制基础图形

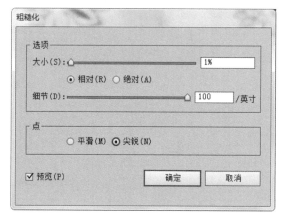

图 5-3-22　粗糙化设置

2. 选中粗糙后的对象，按住【Alt＋Shift】键垂直移动复制对象（图 5-3-23）。然后全选对象，再次按住【Alt＋Shift】键水平移动复制（图 5-3-24）。

图 5-3-23　垂直移动复制　　　图 5-3-24　水平移动复制

3. 根据设计需要在中间空白区域再复制对象填满（图5－3－25）。用【矩形】工具绘制一个定界框，然后单击【色板】面板中的网纹色板，并通过【对象/变换/缩放】调整图样大小（图5－3－26）。

4. 选中底纹对象，执行【对象/扩展】，然后单击【Ctrl＋C】复制底纹对象，单击【Ctrl＋F】将其贴在前面，然后去掉填充和描边，单击【Shift＋Ctrl＋［】将其置于最底层。

5. 全选图形，将其拖放至【色板】面板中，应用填充后效果（图5－3－27）。

图5－3－26　填充底纹

图5－3－25　图形设计

图5－3－27　色板填充

本章小结

本章以简单格子面料、复杂斜纹格子面料、牛仔面料、平纹针织面料、提花组织面料、网眼镂空面料、网眼提花蕾丝面料进行实例绘制讲解。

绘图操作技巧提示：

1. 执行【对象/变换/缩放】，可以调整图样大小。

2. 【不透明度】面板，可以设置对象的不同透明度值。

3. 选中对象，单击【Ctrl＋F】贴在前面，单击【Ctrl＋B】贴在后面。

4. 选中对象，执行菜单【效果/风格化/羽化】命令，可以羽化对象的边缘，对于绘制面料高光和牛仔洗水质感很有效果。

5. 绘制"图案色板"的定界框不同于"图案画笔"定界框，它必须是上下左右四个方向无缝对接的循环单元，然后去掉填充色和描边色，并且置于对象的最底层。

6. 按住【Alt＋Shift】键可以水平移动复制对象，按住【Ctrl＋D】再制对象。

思考练习题

1. 如何绘制毛呢格子面料？

2. 如何绘制皮革面料？

3. 完成下图的绘制。知识要点：先绘制基础图形，然后绘制定界框，创建成新的"色板"图案，应用色板。

 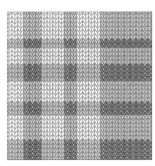 

第六章

服装款式图绘制

  服装款式图也称为服装平面图。绘制服装款式图是服装设计师及相关从业人员必备的一项基本技能。在服装生产过程中，服装款式图是传递设计思想、表现服装外部廓型、内部结构、比例分布和细节塑造的有效方式。服装款式图应用极其广泛，在系列款式图、生产工艺图、成本核算表、产品规格表、纸样设计、流行趋势发布、时尚宣传手册以及产品销售目录中均有应用。

第一节　基础模板的绘制

服装款式图的绘制可以从基础模板开始，这将有助于初学者更好的掌握款式图的比例结构。基础模板通常有半身的人台（适合上装款式图绘制）和全身人体（适合下装和连体装款式图的绘制）。人台绘制要按照国家标准立裁人台的尺码及规格进行绘制（表6-1-1）。而作为基础模板的人体绘制不同于服装效果图的人体绘画，在比例上更应该接近正常人体的比例，通常以7.5至8个头长进行绘制。

表6-1-1　国标女带臀立裁人台尺码表　　单位：cm

型号/部位	80	82	84	86	88
颈围	33	33.5	34	34.5	35
胸围	80	82	84	86	88
腰围	60	62	64	66	68
臀围	86	88	90	92	94
总肩宽	37	37.5	38	38.5	39
前长	35	35.5	36	36.5	37
后长	36	36.5	37	37.5	38
乳间距	15	15.5	16	16.5	17
裆全长	65	65.5	66	66.5	67
大腿围	50	51	52	53	54

一、人台绘制

（一）人台效果（图6-1-1）

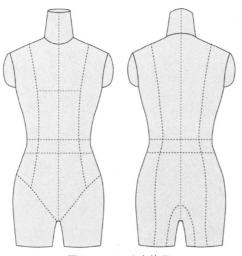

图6-1-1　人台效果

（二）操作步骤

1. 选择工具箱【钢笔工具】，配合【Shift】键绘制一条15cm的垂直线 y，然后将 y 线三等分，绘制水平线 x_1 和 x_2（图6-1-2）。

2. 将 x_1 线平行下移 y/10 定胸围线 BL（案例中下移0.5cm），将 x_2 线平行上移 y/5 定腰围线 WL（案例中上移1cm）。从 BL 线至顶端线的中点定肩线 x_3，肩线宽度为 y/2（案例中肩线宽是7.5cm），图（6-1-3）。

3. 用直线连接各个端点（图6-1-4）。

4. 顺着参考线，用【钢笔】工具勾勒人台外轮廓线，并填充颜色　R232，G223，B217。绘制颈围线，调整完成前视图（图6-1-5）。

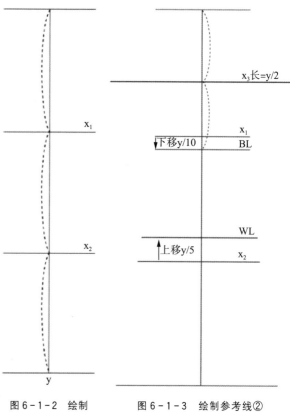

图6-1-2　绘制参考线①　　　图6-1-3　绘制参考线②

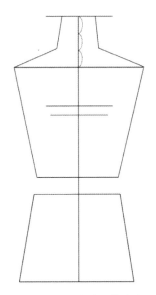

图 6-1-4　直线连接端点

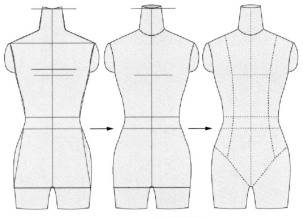

图 6-1-5　完成前视图

5. 用【选择】工具，配合【Alt＋Shift】水平移动复制前视图，删除公主线。用【直接选择】工具将向下凹的颈围线调整为向上凸的颈围线。用【钢笔】工具绘制刀背缝等辅助线，调整完成后视图（图 6-1-6）

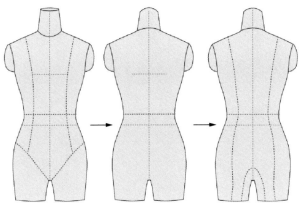

图 6-1-6　完成后视图

二、人体绘制

（一）人体效果（图 6-1-7）

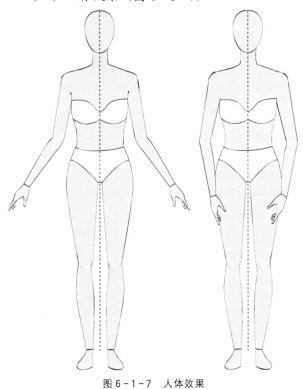

图 6-1-7　人体效果

（二）操作步骤

1. 用【直线段工具】，配合【Shift】键绘制一条水平线，按住【A】打开选择工具，配合【Alt＋Shift】键垂直复制移动第二条水平线，多次单击【Ctrl＋D】复制七条水平线。继续用【直线段工具】，配合【Shift】键绘制一条垂直线（图 6-1-8）。

头顶

下颌线
颈围线
胸围线

腰围线

横裆线

大腿中位线

膝围线

小腿中位线

地面线

图 6-1-8　绘制参考线

2. 用【椭圆工具】绘制一个椭圆作为头部，用【矩形工具】绘制一个矩形，然后用【直接选择】工具将矩形调整为倒梯形作为胸腔，重复操作绘制腹腔、腿部和胳膊几何图形（图 6 - 1 - 9）。

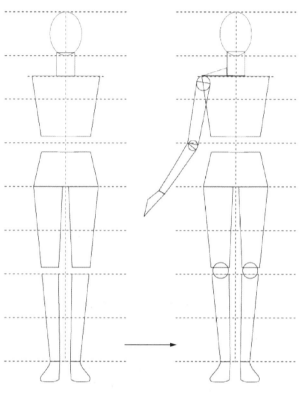

图 6 - 1 - 9　绘制躯干

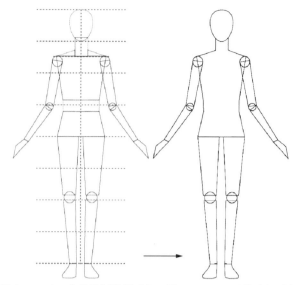

图 6 - 1 - 10　镜像复制胳膊对象　图 6 - 1 - 11　"结合"对象

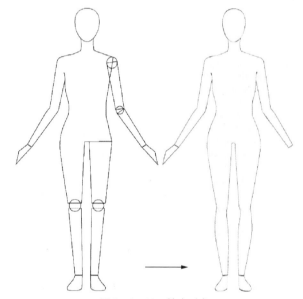

图 6 - 1 - 12　结合对象

3. 选中胳膊对象，双击工具箱【镜像】工具，弹出"镜像"对话框，选择"垂直"镜像 ⊙ 垂直(V) ⬚，单击【复制】按钮，然后水平移动至合适位置。选中椭圆头部，按住【A】键，配合【Shift】点选椭圆左右两个锚点，然后单击键盘上的"上方向键"↑，将椭圆改变成鸡蛋型头型（图 6 - 1 - 10）。

4. 选择颈部和胸腔几何图形，单击【Shift＋Ctrl＋F9】打开"路径查找器"面板，单击"联集" ⬚ 按钮，重复操作，结合胸腔、腰部和腹腔几何图形（图 6 - 1 - 11）。

5. 重复上面方法的操作，结合所有对象。然后用【直接选择】工具、【转换锚点】工具调整轮廓曲线，并填充肤色（图 6 - 1 - 12）。

6. 绘制手部造型，添加内衣，完成基础人体绘制（图 6 - 1 - 13）。

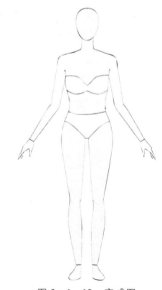

图 6 - 1 - 13　完成图

第二节　上装款式图绘制

上装款式图包括有 T 恤、衬衫、短外套、大衣几个类别。借助基础模板能够快速准确地绘制各类服装款式图。

一、T 恤款式图绘制

（一）T 恤款式图效果（图 6-2-1）

图 6-2-1　T 恤款式图

（二）图 6-2-1 中 A 操作步骤

1. 新建文件，调入人台基础模板。执行菜单【视图/显示网格】。全选对象，设置不透明度为 40%（这样模板既能起到指导作用，又不会分散设计者的注意力），然后单击快捷键【Ctrl＋2】将人台锁定（图 6-2-2）。

图 6-2-2　调入基础模板

2. 女式 T 恤基本款与男式 T 恤基本款主要区别在于：女式 T 恤衫圆领开得较大、肩部较合体、收腰身、袖身合体、袖长较短。

3. 单击工具箱【钢笔】工具 ✐，绘制 T 恤款式的衣身片、袖子、领圈、下摆弧线，用【直接选择】工具单击锚点修改外轮廓造型至合适状态（图 6-2-3）。

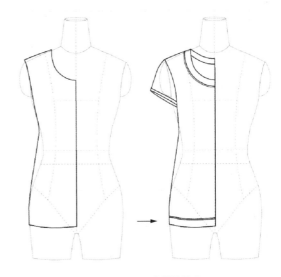

图 6-2-3　绘制外轮廓

4. 选中领圈、袖口和下摆弧线，单击【描边】面板（图 6-2-4），设置缝纫线为 2pt 虚线。

5. 全选对象，单击工具箱【镜像工具】 ⚐，按住【Alt】键单击中心线上任意一个锚点，弹出“镜像”对话框，选中“垂直”镜像，勾选“预览”，然后单击【复制】按钮，得到图形（图 6-2-5）。

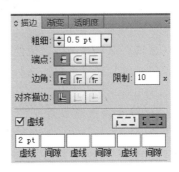

图 6-2-4　虚线设置

95

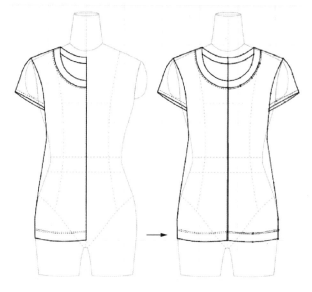

图 6-2-5 镜像对象

6. 选择衣身左右前片，单击【Ctrl＋Shift＋F9】打开"路径查找器"，点击"联集"按钮 ，结合衣身左右片，重复操作，结合衣身后片（图6-2-6）。

图 6-2-6 结合对象

7. 根据设计需要添加衣纹褶皱线。单击【Ctrl＋Alt＋2】解锁人台模板，然后单击【Ctrl＋3】将其隐藏。将对象填充颜色并调整对象的顺序，没有闭合的地方用【钢笔】和【直接选择】工具修改调整（图6-2-7）

8. 根据设计需要修改填充颜色，后片颜色不透明度为50%（图6-2-8）。文字图案设计的绘制方法参考第四章第三节中"贴花文字"案例，完成后保存文件（图6-2-9）。

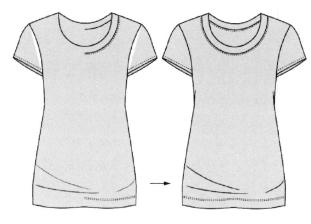

图 6-2-7 调整对象

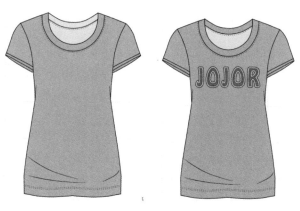

图 6-2-8 修改颜色　　　图 6-2-9 完成后效果

（三）图 6-2-1 中 B 操作步骤

1. 调入人台基础模板，单击快捷键【Ctrl＋2】将人台锁定。单击工具箱【钢笔工具】绘制衣身轮廓，然后添加衣纹褶皱线，调整至合适状态（图6-2-10）。

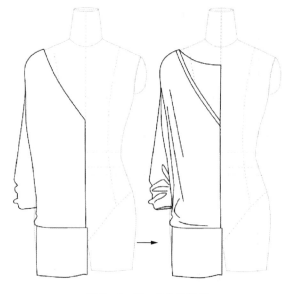

图 6-2-10 绘制外轮廓

2. 全选衣身轮廓，选择工具箱【镜像】工具，按住【Alt】键，单击前中线上任意锚点，弹出"镜像"对话框，选择"垂直"镜像，单击【复制】按钮（图6-2-11）。

图6-2-11　镜像对象

3. 用【直接选择】工具，调整需要"联集"的锚点，使左右衣身片有少许交叠部分，不能有空隙。选中左右衣身前片，单击【Ctrl＋Shift＋F9】打开"路径查找器"，点击"联集"按钮，结合衣身左右片，重复操作，结合衣身后片。根据设计需要调整对象顺序，并修改衣纹褶皱线（图6-2-12）。

图6-2-12　结合对象

4. 用【钢笔工具】绘制后领圈线和前中的装饰线，并填充颜色（图6-2-13）。

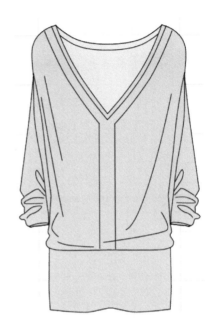

图6-2-13　调整并填充

5. 打开第三章第四节中已经绘制好的蕾丝花边，将花边文件复制到款式图文件中，然后分别选择装饰线，单击【画笔】面板中的花边画笔进行填充。

6. 如果填充的画笔方向、大小、颜色不满意，可以双击"花边"画笔，进入到"图案画笔选项"对话框，对其进行参数设置（图6-2-14）。

7. 选中下摆对象，单击【Ctrl＋C】，然后单击【Ctrl＋F】将对象贴在前面。单击【色板面板】中的"色板库菜单"按钮，选择【图案/基本图形/线条】，得到效果（图6-2-15）。

图6-2-14　应用画笔　　　图6-2-15　完成效果

二、衬衫款式图绘制

（一）衬衫款式图效果（图 6-2-16）

图 6-2-16　衬衫款式图效果

（二）图 6-2-16 中 A 操作步骤

1. 调入人台模板，单击【Ctrl+2】将其锁定。选择工具箱【钢笔工具】，参照模板分别绘制衣身左片、袖身、袖头、领座和领面等封闭图形（图 6-2-17）。

2. 选中对象填充颜色，用【钢笔工具】绘制分割线和衣纹褶皱线（图 6-2-18）。

图 6-2-17　绘制轮廓　　　图 6-2-18　填充颜色

3. 全选衣身轮廓对象，单击工具箱【镜像】工具，然后按住【Alt】键，单击前中线上任意锚点，弹出"镜像"对话框，选择"垂直"镜像，单击【复制】按钮（图 6-2-19）。

4. 用【矩形工具】绘制前门襟贴边，用【直

线工具】绘制贴边缝纫虚线，用【椭圆工具】绘制扣子，隐藏人台（图 6-2-20）。

图 6-2-19　镜像对象　　图 6-2-20　调整补充细节

5. 用【直接选择】工具选中领面上的锚点，单击属性栏中的【在所选锚点处剪切路径】![按钮图标]按钮（图 6-2-21），断开路径，然后调整锚点（图 6-2-22）。

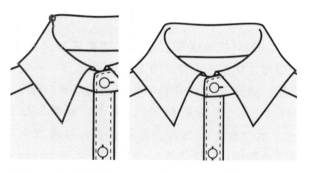

图 6-2-21　剪切路径　　　图 6-2-22　剪切路径

6. 调入第五章第一节中绘制的复杂格子面料，将其复制到款式文件中（图 6-2-23）。

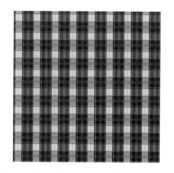

图 6-2-23　调入面料图

7. 选中衣身对象，单击【色板】面板中的格子面料填充对象。执行菜单【对象/变换/缩放】，弹出对话框，根据需要设置参数（图 6-2-24）。

8. 用【选择工具】↖选中其他需要填充的对象，选择工具箱【吸管工具】✐，然后单击已经填充好的衣身对象，反复操作，完成填充（图6-2-25）。

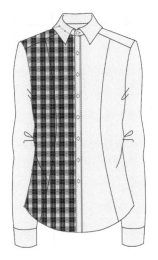 

图6-2-24　色板填充　　　图6-2-25　完成后效果

（三）图6-2-16中B操作步骤

1. 调入人台模板，单击【Ctrl＋2】将其锁定。选择工具箱【钢笔工具】，参照模板绘制衣身轮廓、领子贴边、腰带等封闭图形，然后添加衣纹褶皱线，调整至合适状态，然后填充白色（图6-2-26）。

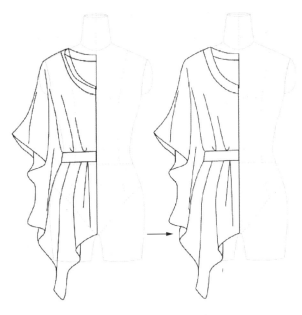

图6-2-26　绘制轮廓

2. 全选衣身对象，选择【镜像】工具，按住【Alt】键，单击前中线上任意锚点，弹出"镜像"对话框，选择"垂直"镜像，单击【复制】按钮

（图6-2-27）。

3. 单击快捷键【A】打开"直接选择"工具，调整衣身右片下摆处锚点和部分褶皱线上锚点，使款式造型更加随意、自然。单击【Ctrl＋Shift＋F9】打开"路径查找器"，选中需要结合的对象后单击面板中的"联集"按钮⬚，重复操作，完成对象左右衣片的结合，根据需要调整对象的顺序（图6-2-28）。

图6-2-27　镜像对象　　　图6-2-28　结合对象

4. 打开第四章第二节中手绘印花图案，将其拷贝至款式文件中（图6-2-29）。

图6-2-29　调入印花图案

5. 选中衣身对象，单击【色板】面板中的印花图案，将印花填充在所选对象中。执行菜单【对象/变换/缩放】命令，弹出"缩放"对话框，勾选"等比"缩放，根据设计需要调整百分比，去掉"变换对象"的勾选，勾选"预览"，单击【确定】按钮。

6. 选择领圈和腰带对象进行线性的渐变填充。选中衣身后片，进行印花填充，然后设置不透明度为20％。单击【Ctrl＋Alt＋2】解锁人台模板，然后单击【Ctrl＋3】将其隐藏，完成后效果（图6-2-30）。

图 6-2-30 印花填充效果

三、短外套款式图绘制

(一) 短外套款式图效果 (图 6-2-31)

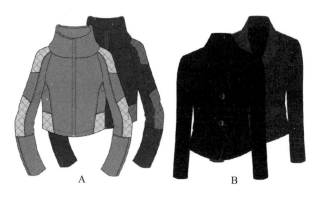

A   B

图 6-2-31 短外套款式图效果

(二) 图 6-2-31 中 A 操作步骤

1. 调入人台模板，单击【Ctrl+2】将其锁定。选择工具箱【钢笔工具】参照模板绘制衣身、立领、后领封闭图形，然后绘制腋下分割弧线。选中弧线，执行菜单【对象/路径/分割下方对象】（图 6-2-32）。

2. 用【钢笔工具】在腋下片绘制一条斜线，执行菜单【对象/路径/分割下方对象】，分割腋下裁片，添加缝纫线（图 6-2-33）。

3. 用【钢笔工具】绘制袖子轮廓以及袖子分割线，单击【Ctrl+Shift+F9】打开"路径查找器"面板，通过面板中的【分割】按钮🔳分割对象（图 6-2-34）。

5. 全选衣身轮廓对象，选择【镜像】工具，按住【Alt】键，单击前中线上任意锚点，弹出"镜像"对话框，选择"垂直"镜像，单击【复制】按钮（图 6-2-35）。

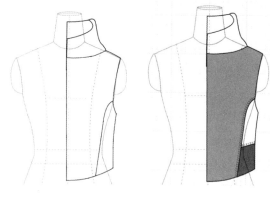

图 6-2-32 绘制衣身轮廓 图 6-2-33 分割对象

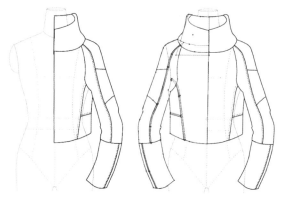

图 6-2-34 分割袖子 图 6-2-35 镜像对象

6. 绘制前门襟拉链，操作方法参见第三章第三节。单击【Ctrl+Alt+2】解锁人台模板，然后单击【Ctrl+3】将其隐藏（图 6-2-36）。

7. 绘制菱形格子。用【直线段工具】／配合【Shift】键绘制一条 1cm 垂直线。双击【旋转】工具将其旋转 45°，然后镜像复制，完成后将其拖放至【色板】面板中，生成"菱形格子"图案色板。选择需要填充的对象，单击【色板】面板中的菱形格子填充完成（图 6-2-37）。

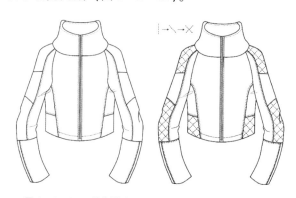

图 6-2-36 绘制拉链 图 6-2-37 填充菱形格子

8. 根据设计需要填充颜色（图 6-2-38）。通过【重新着色图稿】◉按钮还可以有多个配色（图 6-2-39）。

图6-2-38　填充单色　　　图6-2-39　重新着色

（三）图6-2-31中B操作步骤

1. 调入人台模板，单击【Ctrl+2】将其锁定。选择工具箱【钢笔工具】，参照模板绘制衣身、翻领、领面、领座、袖子等封闭图形，然后绘制前片分割线和口袋（图6-2-40）。

2. 全选对象，按住【Ctrl+G】编组对象。单击工具箱【镜像】工具，然后按住【Alt】键，单击前中线上任意锚点，弹出"镜像"对话框，选择"垂直"镜像，单击【复制】按钮。单击【Ctrl+Shift+［】键将对象置于最底层（图6-2-41）。

图6-2-40　绘制轮廓　　　图6-2-41　镜像对象

3. 执行菜单【视图/隐藏网格】。用【直接选择工具】选中领面上锚点，单击属性栏【在所选锚点处剪切路径】按钮，移动锚点调整翻领弧线（图6-2-42）。

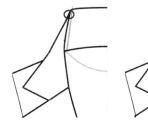 

图6-2-42　调整翻领弧线

4. 单击【Ctrl+Alt+2】解锁人台模板，然后单击【Ctrl+3】将其隐藏，并填充颜色。扣子的

绘制方法参见第三章第一节（图6-2-43）。

5. 选择对象，执行菜单【效果/纹理/马赛克拼贴】命令，根据设计需要调整"马赛克大小、缝隙宽度、加量缝隙"等参数（图6-2-44）。

图6-2-43　填充单色　　　图6-2-44　添加纹理

6. 变化款的绘制。全选对象，配合【Alt】键移动复制对象。用【直接选择工具】配合【Shift】键选择下摆处的锚点，往下移动，加长衣服长度。重复操作，延长另外衣片的长度（图6-2-45）。

图6-2-45　延长衣身

7. 根据设计需要适当调整领子、口袋的造型，使款式富于变化（图6-2-46）。

图6-2-46　调整局部造型

101

第三节　下装款式图绘制

一、半身裙款式图绘制

（一）半身裙款式图效果（图 6-3-1）

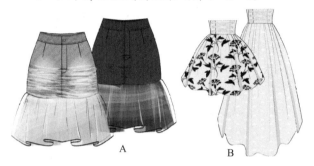

图 6-3-1　半身裙款式图效果

（二）图 6-3-1 中 A 操作步骤

1. 调入人体模板，单击【Ctrl＋2】锁定模板。选择工具箱【钢笔工具】，参照模板绘制腰头、裙身和下摆波浪等封闭图形（图 6-3-2）。

2. 全选对象，选择【镜像】 ![icon] 工具，按住【Alt】键，单击前中线上任意锚点，弹出"镜像"对话框，选择"垂直"镜像，单击【复制】按钮（图 6-3-3）。

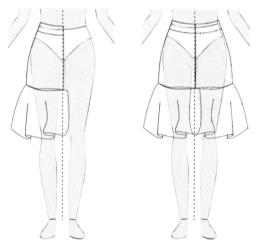

图 6-3-2　绘制轮廓　　图 6-3-3　镜像对象

3. 选中左右裙摆对象，单击【Ctrl＋Shift＋F9】打开"路径查找器"面板，单击面板中的【联集】按钮 ![icon] 结合对象，并填充白色、调整对象顺序（图 6-3-4）。

图 6-3-4　结合对象

4. 隐藏人体模板，用【钢笔工具】添加衣纹褶皱、缝纫线。褶皱线选择【画笔面板】中的合适"艺术效果"画笔，使之具有粗细变化（图 6-3-5）。

5. 选中裙摆对象，单击【Ctrl＋C】复制对象，接着单击【Ctrl＋F】将其贴在前面。配合【Shift＋Alt】键适当缩小对象，然后用【直接选择】工具调整局部地方的锚点，填充灰色并设置"不透明度"为 50％（图 6-3-6）。

图 6-3-5　丰富细节　　图 6-3-6　复制对象

6. 用【钢笔工具】绘制一个封闭的褶皱图形，配合【Alt】键移动复制，通过镜像、旋转及不透明度等命令修改完成纱质类裙摆层叠感，然后添加局部高光。（图 6-3-7）。

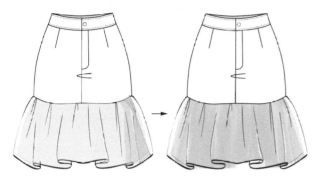

图 6 - 3 - 7　绘制纱裙

7. 绘制牛仔质感面料。填充单色 R180、G181、B181，然后执行菜单【效果/纹理/颗粒】命令，弹出对话框，选择"胶片颗粒"设置参数"强度"为 64，"对比度"为 51，单击【确定】按钮（图 6 - 3 - 8）。

8. 选中对象，单击【Ctrl＋C】，然后单击【Ctrl＋F】，将其贴在前面，打开【色板面板】中"色板库菜单"按钮　，执行【图案/基本图形/纹理/对角线】。执行【对象/变换/缩放】命令调整斜线的疏密，打开【透明度面板】，选择"滤色"模式，得到效果（图 6 - 3 - 9）。

图 6 - 3 - 8　胶片颗粒　　　图 6 - 3 - 9　添加添加纹理

9. 绘制牛仔水洗效果。用【椭圆工具】绘制一个椭圆，填充白色，去掉轮廓色。执行菜单【效果/风格化/羽化】，设置参数，得到洗水效果（图 6 - 3 - 10）。

10. 选择工具箱【艺术笔】工具　，设置"填色"为无，"描边"为深灰色，设置混合模式为"正片叠底"，在裙子上绘制多条深色衣纹褶皱线。调整"不透明度"为 30％。然后更改"描边"为白色，混合模式为"正常"，不透明度为 60％，绘制多条白色线褶皱线，完成后（图 6 - 3 - 11）。

图 6 - 3 - 10　羽化对象　　　图 6 - 3 - 11　添加褶皱

（三）图 6 - 3 - 1 中 B 操作步骤

1. 调入人体模板，单击【Ctrl＋2】锁定模板。选择工具箱【钢笔工具】，参照模板绘制高腰、裙身封闭图形，绘制褶皱弧线。选中所有轮廓线，选中【画笔】面板中的"点扁平"，使线条有粗细变化（图 6 - 3 - 12）。

2. 选中裙身，填充单色，并绘制绳带等细节（图 6 - 3 - 13）。

图 6 - 3 - 12　绘制轮廓　　　图 6 - 3 - 13　填充单色

3. 选择【钢笔工具】绘制阴影部分，然后设置"不透明度 70％"（图 6 - 3 - 14）。

4. 选中裙摆封闭图形，单击【Ctrl＋C】复制对象，然后单击【Ctrl＋F】将其贴在前面。单击【色板】面板中"色板库菜单"子菜单【图案/自然/牵牛花】，填充在裙摆对象中（图 6 - 3 - 15）。

图 6 - 3 - 14　添加阴影　　　图 6 - 3 - 15　图案填充

二、裤子款式图绘制

（一）裤子款式图效果（图 6-3-16）

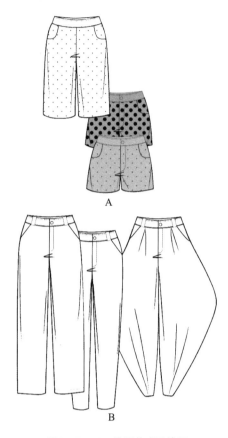

A

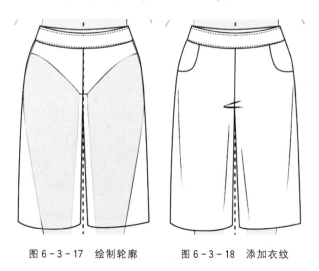

B

图 6-3-16　裤子款式图效果

（二）图 6-3-16 中 A 操作步骤

1. 调入人体模板，单击【Ctrl＋2】锁定模板。选择工具箱【钢笔工具】，参照模板绘制腰头、裤腿封闭图形（图 6-3-17）。

2. 打开【画笔】面板，在"画笔库"菜单中选择【艺术效果/粉笔炭笔铅笔/锥形】画笔类型，绘制衣纹，填充单色（图 6-3-18）。

图 6-3-17　绘制轮廓　　　图 6-3-18　添加衣纹

3. 选中裤腿对象，单击【Ctrl＋C】复制对象，然后单击【Ctrl＋F】将其贴在前面。打开【色板】面板中的"色板库"菜单，选择【图案/基本图形/点】，进行填充（图 6-3-19）。

图 6-3-19　色板填充

（三）图 6-3-16 中 B 操作步骤

1. 图 B 是在图 A 的基础上修改完成。全选图 A，配合【Alt】键移动复制对象，用【直接选择工具】选中裤脚口锚点，按住键盘上的【下方向键】往下移动锚点（图 6-3-20）。

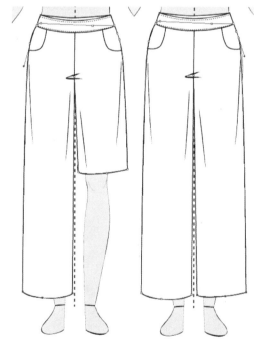

图 6-3-20　移动锚点

2. 添加门襟和腰头串带，完善细节，完成直筒裤效果（图 6-3-21）。

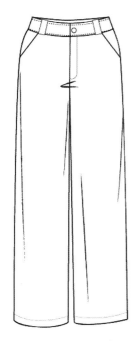

图 6 - 3 - 21 完成效果

3. 用【直接选择工具】 ▶ 选中裤脚口侧缝锚点，移动锚点缩小裤脚口，形成铅笔裤效果（图 6 - 3 - 22）。

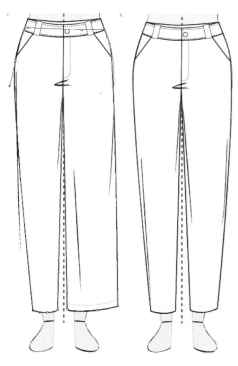

图 6 - 3 - 22 铅笔裤效果

4. 用【直接选择工具】 ▶ 选中裤脚口侧缝锚点，移动锚点放大裤身肥度，形成灯笼裤效果。根据设计需要增加衣纹褶皱线并适当调整外轮廓弧线（图 6 - 3 - 23）。

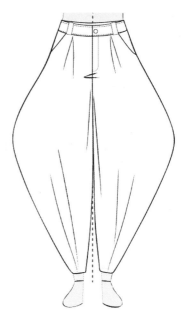

图 6 - 3 - 23 灯笼裤效果

三、连体服装款式图绘制

（一）连体服装款式图效果（图 6 - 3 - 24）

图 6 - 3 - 24 连体服装款式图效果

（二）图 6 - 3 - 24 中 A 操作步骤

1. 调入人体模板，单击【Ctrl＋2】锁定模板。选择【钢笔工具】，设置"填充色"为无、"描边色"为黑色，依照模板绘制衣身、袖子、袖头、腰部和裤腿封闭图形（图 6 - 3 - 25）。

2. 填充单色便于查看服装外轮廓造型和每个封闭图形的前后顺序。按住【A】键打开"直接选择工具"调整外轮廓锚点，按住【P】键打开"钢笔"工具绘制衣纹褶皱线，单击【Enter】键结束钢笔工具的操作（图 6 - 3 - 26）。

图 6 - 3 - 27　调整线条

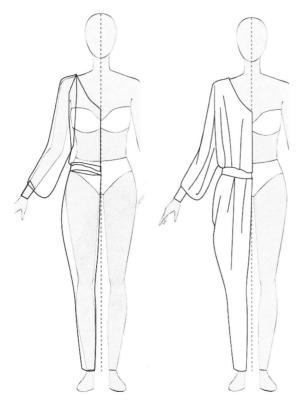

图 6 - 3 - 25　绘制大体轮廓　　图 6 - 3 - 26　调整轮廓

3. 打开【画笔】面板，根据需要选择合适的画笔类型，调整轮廓和衣纹褶皱的粗细，使线条更加自然、流畅（图 6 - 3 - 27）。

4. 全选服装对象，单击工具箱【镜像】工具，按住【Alt】键，在对称轴线上任意位置单击，弹出"镜像"对话框，选择"垂直"镜像，单击【复制】按钮，镜像复制对象（图 6 - 3 - 28）。

5. 选中左右上衣对象，单击【Ctrl＋Shift＋F9】打开"路径查找器"，单击【联集】按钮结合衣身，用"直接选择"工具适当调整锚点，完善服装轮廓造型（图 6 - 3 - 29）。

图 6 - 3 - 28　镜像对象　　图 6 - 3 - 29　调整细节

6. 根据设计需要，填充颜色（图 6 - 3 - 30）。

（三）图 6 - 3 - 24 中 B 操作步骤

1. 调入人体模板，单击【Ctrl＋2】锁定模板。选择【钢笔工具】，设置"填充色"为无、"描边色"为黑色，依照模板绘制裙身、袖子和波浪形下摆封闭图形（图 6 - 3 - 31）。

2. 打开【画笔】面板，根据需要选择合适的画笔类型，调整轮廓和衣纹褶皱的粗细，完成后填充单色（图 6 - 3 - 32）。

图 6 - 3 - 30 填充颜色

图 6 - 3 - 31 绘制轮廓　　　图 6 - 3 - 32 填充单色

3. 选中裙身对象，单击【Ctrl＋C】复制，然后单击【Ctrl＋F9】将其贴在前面。单击【图形样式】面板中的"图形样式库菜单"按钮，选择【Vonster 图案样式/加冕 2】图案，填充在裙身中。

4. 打开【透明度】面板，选择"明度"混合模式，得到效果（图 6 - 3 - 33）。

5. 重复上面的操作步骤，填充袖子上的图案。裙摆颜色填充单色，设置"不透明度"为 70％（图 6 - 3 - 34）。

图 6 - 3 - 33 图形样式填充　　　图 6 - 3 - 34 完成效果

本章小结

　　本章在人台模板和人体模板的基础上对 T 恤、衬衫、外套、半身裙、裤子、连体服装进行实例绘制讲解。

　　绘图操作技巧提示：

　　1. 绘制服装款式图之前，先绘制人台模板或人体模板，模板将有助于设计师快速地绘制标准的款式图。

　　2. 人台模板的绘制可以参考国家标准立裁人台的尺码。

　　3. 人体模板的绘制可以参考标准人体的尺寸，并尽可能用几何形状来表现。

　　4. 在绘制款式图的过程中，建议显示网格，锁定模板。

　　5. 选中对象，单击【镜像工具】，按住【Alt】键单击中心线上任意一个锚点，可以镜像复制对象。

　　6. 打开【画笔】面板，在"画笔库"菜单中选择【艺术效果/粉笔炭笔铅笔/锥形】画笔类型，可以绘制衣纹。

思考练习题

1. 借助人台模板绘制 5 款女式上装平面款式图。
2. 借助人体模板绘制 2 款礼服裙。
3. 借助人体模板绘制 5 款下装平面款式图。

第七章
服装效果图绘制

　　服装效果图是以人体动态为载体，表现着装后的服装效果，强调款式设计、色彩搭配、面料质感的表现，具有一定艺术性和工艺技术性，是服装设计的外化表现形式。与服装平面图相比较，设计师在绘制服装效果图的时候更加强调艺术美感的追求。

第一节　手稿图的处理步骤

通过扫描仪或高像素的相机将手稿图输出成"jpg"格式的图片文件，然后借助绘图软件快速完成上色和面料质感的处理。这种处理方式不仅能原滋原味地保留手稿图的自然和随意，还能大大地提高绘图的效率。

一、手稿效果图展示

见图 7－1－1。

二、操作步骤

1. 将完成的手稿图进行扫描，分辨率不少于200 像素，输出成"jpg"的图片文件。图片质量越高，后期电脑软件处理越省事，效果也越好。也可以通过高像素的相机将手稿图进行拍照。

2. 用 Photoshop 处理图片背景。启动 Photoshop 软件，打开扫描的手稿图（图 6－1－2）。

3. 单击工具箱中的【裁剪工具】 ✄，裁剪对象。执行菜单【图像/模式/灰度】命令，弹出对话框，单击【扔掉】按钮。执行【图像/调整/亮度对比度】命令，弹出对话框（图 7－1－3），设置参数

后单击【确定】按钮。

图 7－1－1　手稿效果图展示

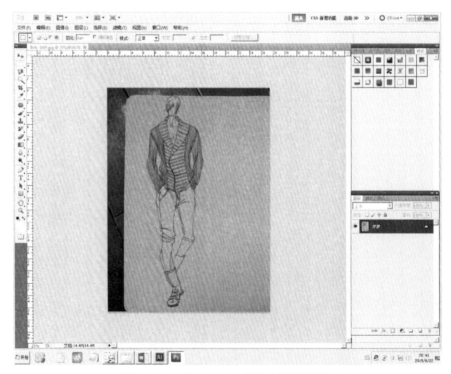

图 7－1－2　在 Photoshop 软件中打开手稿图

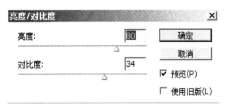

图 7－1－3　亮度/对比度设置

4. 执行菜单【选择/色彩范围】，鼠标切换成"吸管笔"，弹出对话框（图 7－1－4），鼠标在页面中的灰色背景上单击，调整"颜色容差"，单击【确定】按钮（图 7－1－5）。

5. 单击【Shift＋Ctrl＋I】反选对象，设置"前景色"为黑色，单击【Alt＋Delete】键将前景色填充到所选区域。单击【Ctrl＋C】复制对象，单击【Ctrl＋N】新建文件，单击【Ctrl＋V】粘贴对象（图 7－1－6）。

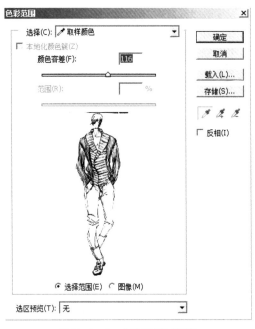

图 7－1－4　色彩范围对话框

图 7－1－5　选中背景

图 7－1－6　新建文件，粘贴对象

6. 为了确保背景颜色处理干净，执行【选择/色彩范围】，弹出对话框，设置"颜色容差"为200，然后吸管笔单击页面中的白色背景，并单击【Dlete】键删除白色背景。打开【图层】面板，删除"背景图层"，完成后将文件保存为 Photoshop EPS 格式文件。然后关闭 Photoshop 软件（图7-1-7）。

7. 启动 Illustrator 软件，打开刚刚保存的 .eps 文件（图7-1-8）。

图7-1-7 去除背景图层

图7-1-8 在 AI 软件中打开文件

8. 选中对象，单击控制面板中 图像描摹 【图像描摹/高保真度照片】，描摹完成后再单击控制面板中的【扩展】按钮。鼠标右键单执行【取消编组】命令，删除中不需要的对象（图7-1-9）。

9. 单击【色板】面板中的"色板库菜单/肤色"，选择合适肤色填充（图7-1-10）。全选对象，单击【Ctrl＋G】组合对象，【Ctrl＋2】锁定对象。选择【钢笔工具】，沿着服装外轮廓绘制封闭图形。填充颜色 R170、G83、B155，去掉描边色，不透明度为80%，颜色模式为"正片叠底"（图7-1-11）。

图7-1-12　添加阴影

11. 选中紫色对象，单击【Ctrl＋C】复制对象，单击【Ctrl＋F】将其贴在前面。然后执行菜单【效果/像素化/彩色半调】，弹出对话框（图7-1-13），设置参数后单击【确定】按钮，得到效果（图7-1-14）。

12. 重复以上方法的操作，完成上衣的颜色填充（图7-1-15）。

图7-1-9　描摹对象　　图7-1-10　填充肤色

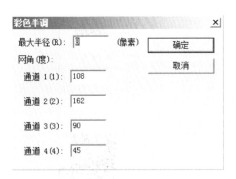

图7-1-13　参数设置

图7-1-11　正片叠底

10. 用【铅笔工具】绘制一些暗部衣纹褶皱，填充较深颜色后，选择"正片叠底"颜色模式（图7-1-12）。

图7-1-14　彩色半调　　图7-1-15　完成效果

113

13. 沿着裤子轮廓用【钢笔】工具绘制裤子，并填充颜色█ R49、G33、B67，不透明度90%，选择"正片叠底"模式。然后选中裤子对象，单击【Ctrl＋C】复制对象，单击【Ctrl＋F】将其贴在前面。单击【色板】面板中的"色板库"按钮菜单，选择【图案/基本图形/纹理/对角线】，添加纹理。

14. 添加褶皱高光。用【钢笔工具】绘制褶皱轮廓，填充白色，去掉描边色，执行菜单【效果/风格化/羽化】命令，弹出对话框，设置参数后单击【确定】。配合【Alt】键移动复制高光，并适当调整造型（图7－1－16）。

15. 修改完善细节，得到最后效果（图7－1－17）。根据设计需要可以更换其他颜色的填充。

图7－1－16 添加纹理和高光　图7－1－17 最后效果

第二节　电脑绘制服装效果图步骤

一、电脑服装画效果图

效果图见图2－2－1。

图7－2－1 电脑服装画效果图

二、操作步骤

（一）人体绘制操作步骤

1. 人体绘制步骤参照第六章第一节。根据视觉的审美习惯，服装效果图的人体动态比例较为夸张，可以是9～12个头长。

2. 用【直线段工具】配合【Shift】键绘制水平参考线和中心线。用【椭圆工具】绘制头型，用【钢笔工具】绘制胸腔、腹腔和四肢（图7－2－2）。

3. 用【钢笔】和【直接选择】工具调整人体外轮廓造型（图7－2－3）

4. 调整合适后，选中参考线，单击【Ctrl＋3】隐藏对象。全选对象，设置"填色"为　R250、G235、B217，"描边色"为█ R152、G125、B100，填充对象。

5. 打开【画笔】面板中的【艺术效果/书法】，选择合适画笔修改描边的粗细。

6. 用【钢笔工具】在锁骨位置绘制一个封闭图形，填充白色、去掉描边色，执行菜单【效果/风格化/羽化】命令，弹出"羽化"对话框，根据需要设置羽化半径，单击确定。重复操作，绘制其他高光（图7－2－4）。

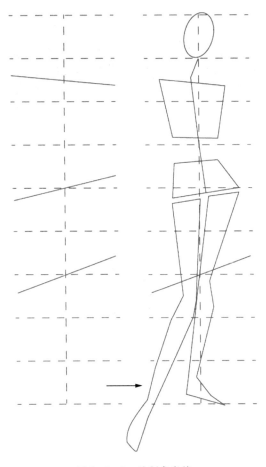

图 7 - 2 - 2　绘制参考线

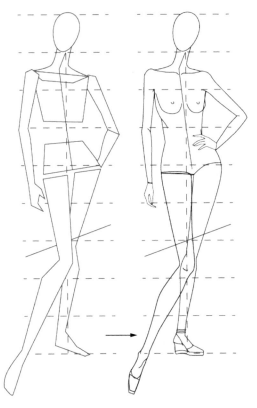

图 7 - 2 - 3　绘制人体外轮廓

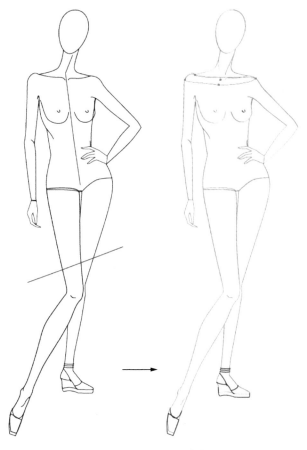

图 7 - 2 - 4　绘制人体动态

（二）头部绘制步骤

1. 用【直接选择】工具调整脸型，用【钢笔工具】绘制一条弧线，选中弧线，执行菜单【对象/扩展】，弹出"扩展"对话框，勾选"填充"和"描边"，单击【确定】按钮。然后用【直接选择工具】按照"眉毛"造型调整锚点。选择眉毛，进行渐变填充（图7 - 2 - 5）。

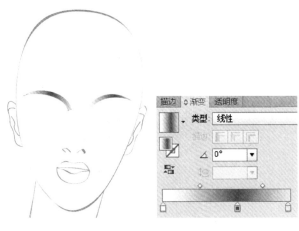

图 7 - 2 - 5　渐变填充

2. 绘制眼睛。用【钢笔工具】绘制眼睛大体造型后，将线条扩展，然后用【直接选择工具】调整锚点，完成眼睛造型。选中上嘴唇，填充颜色后选择"正片叠底"模式，"不透明度"为50%，下嘴唇的不透明度为30%（图7-2-6）。

3. 镜像复制眼睛，适当调整复制后眼睛的高光，避免对眼。用【钢笔工具】绘制一条1pt线作为鼻梁阴影，然后将其"羽化"，重复操作绘制鼻梁高光（图7-2-7）。

图7-2-6　绘制眼睛　　　　图7-2-7　镜像复制

4. 绘制眼影。用【钢笔工具】绘制眼影轮廓，填充颜色　R155、G119、B96后将其羽化（图7-2-8）。重复操作可以绘制腮红（图7-2-9）。

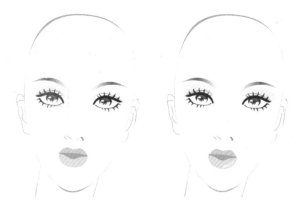

图7-2-8　羽化眼影　　　　图7-2-9　羽化腮红

（三）头发绘制步骤

1. 用【钢笔工具】绘制头发外轮廓填充单色后，单击工具箱【网格工具】添加网格，进行网格填充（图7-2-10）。

2. 用【铅笔工具】在头顶和刘海处绘制封闭区域，填充颜色后，选择"变暗"颜色模式（图7-2-11）。

3. 单击工具箱【画笔工具】，选择【艺术效果/粉笔炭笔铅笔/炭笔－平滑】画笔，设置"描边粗细"为0.05pt，绘制头发丝（图7-2-12）。

图7-2-10　网格填充　　　图7-2-11　"变暗"模式

图7-2-12　绘制发丝

（四）服装绘制步骤

1. 选择【钢笔工具】，设置"描边色"为深灰色，"填色"为无，绘制服装外轮廓（图7-2-13）。

2. 选中裙子对象，单击【Ctrl＋C】复制，然后单击【Ctrl＋F】将其贴在前面，填充白色，去掉轮廓色，不透明度设置为70%。

3. 选择工具箱【铅笔工具】 ，在大腿位置绘制一条随意的折线，选中折线和白色服装轮廓，单击【路径查找器】面板中的"分割"按钮 。右键单击【取消编组】，删除下方裙摆对象（图7-2-14）。

4. 重复操作，分割裙身腰部，根据需要设置不同的"透明度"和"颜色模式"（图7-2-15）。

5. 选择【钢笔工具】，绘制多层下摆轮廓（图7-2-16）。更换颜色填充（图7-2-17）。

6. 绘制腰部阴影。通过"复制"与"分割"等命令绘制出阴影轮廓，然后渐变填充对象（图7-2-18）。

7. 添加衣纹褶皱阴影。用【钢笔工具】绘制阴影轮廓，填充深灰色后，执行"羽化"命令，羽化值根据需要调整（图7-2-19）。

图 7 - 2 - 13　绘制外轮廓　　　图 7 - 2 - 14　分割对象

图 7 - 2 - 16　绘制裙摆　　　图 7 - 2 - 17　填充颜色

图 7 - 2 - 18　渐变填充

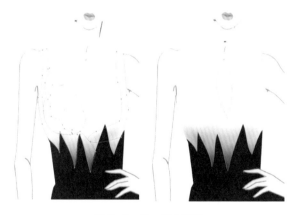

图 7 - 2 - 19　羽化阴影

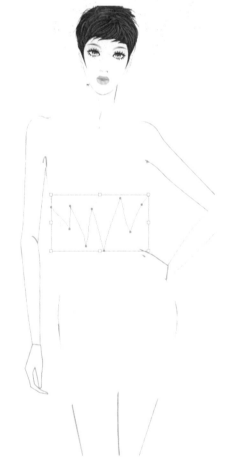

图 7 - 2 - 15　分割对象

　　8. 绘制裙摆褶皱。用【钢笔工具】绘制褶皱封闭图形，填充颜色后设置不透明度值。然后复制褶皱并根据需要调整锚点，修改褶皱的造型，并修改不透明度值，反复操作，使褶皱有叠加，形成多层次效果（图 7 - 2 - 20）。

9. 添加褶皱高光。用【钢笔工具】绘制褶皱高光对象后填充白色，然后"羽化"，根据需要并修改"不透明度"值（图 7 - 2 - 21）。

10. 用同样的方法添加腰部的衣纹褶皱。

12. 最后调整细节，完成效果（图 7 - 2 - 23）。

图 7 - 2 - 20　绘制褶皱阴影　　图 7 - 2 - 21　绘制褶皱高光

11. 绘制珠片。用【椭圆工具】绘制一个小的正圆，然后单击工具箱【网格工具】，在圆上添加网格，并填充黑色和白色。配合【Alt】键移动复制对象至合适位置后，配合【Ctrl＋D】多次复制，得到图形（图 7 - 2 - 22）。

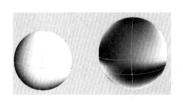

图 7 - 2 - 22　绘制珠片

图 7 - 2 - 23　最后效果

本章小结

　　根据个人的绘制习惯，服装效果图的处理有多种方式。既可以先手绘描线稿图，然后电脑软件后期处理色彩，也可以全部由电脑软件处理。本章分别以手稿图和电脑绘制服装效果图为例进行实例介绍。

　　绘图操作技巧提示：

　　1. 手绘线稿图通过扫描仪或高像素的相机转换成"jpg"格式的图片文件，图片质量一定要好，像素要高。

　　2. 用 Photoshop 软件处理干净手稿图的背景杂色，然后将其保存为"eps"格式文件。

　　3. 在执行【图像描摹/高保真度照片】描摹完后，一定要单击控制面板中的【扩展】按钮，才算完成描摹。

　　4. 选择"正片叠底"颜色模式可以显示底层对象的轮廓线条。

　　5. 执行菜单【效果/风格化/羽化】命令，可以绘制服装高光。

　　6. 单击工具箱【网格工具】，在对象中添加网格，可以绘制头发颜色的蓬松感觉。

思考练习题

　　1. 用电脑处理手稿图一个系列。

　　2. 用电脑绘制一个系列的服装效果图。

附录：优秀作品鉴赏

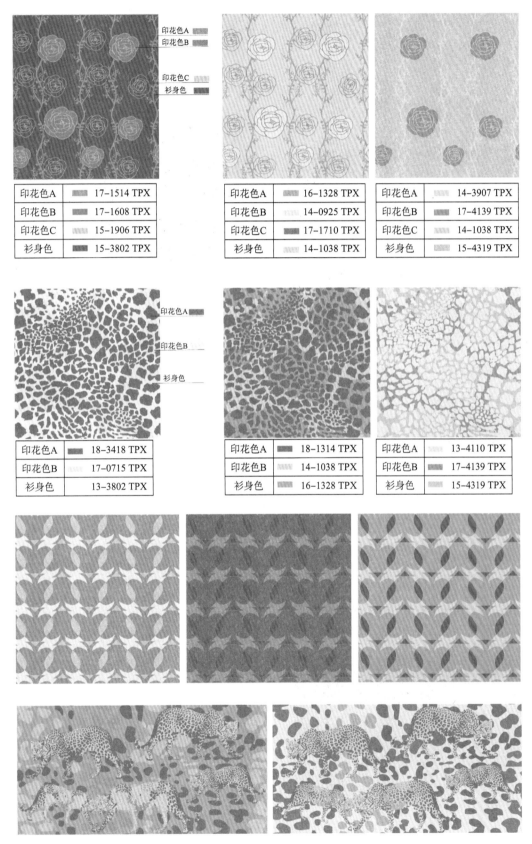

印花色A		17-1514 TPX
印花色B		17-1608 TPX
印花色C		15-1906 TPX
衫身色		15-3802 TPX

印花色A		16-1328 TPX
印花色B		14-0925 TPX
印花色C		17-1710 TPX
衫身色		14-1038 TPX

印花色A		14-3907 TPX
印花色B		17-4139 TPX
印花色C		14-1038 TPX
衫身色		15-4319 TPX

印花色A		18-3418 TPX
印花色B		17-0715 TPX
衫身色		13-3802 TPX

印花色A		18-1314 TPX
印花色B		14-1038 TPX
衫身色		16-1328 TPX

印花色A		13-4110 TPX
印花色B		17-4139 TPX
衫身色		15-4319 TPX

服饰图案配色设计

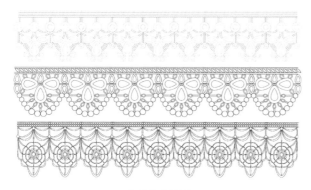

蕾丝花边设计

毛衫面料设计

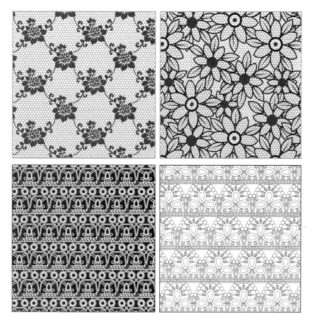

蕾丝面料设计

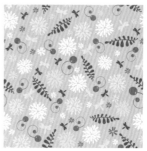

印花图案设计（设计师：徐悠）

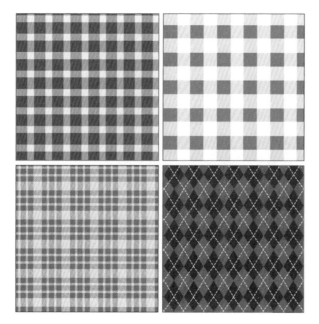

格子面料设计

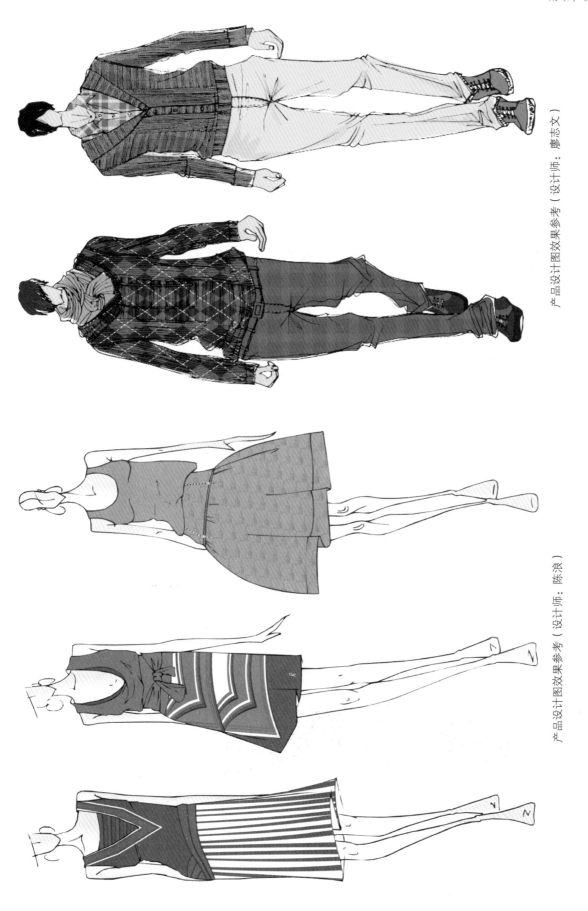

产品设计图效果参考（设计师：廖志文）

产品设计图效果参考（设计师：陈浪）

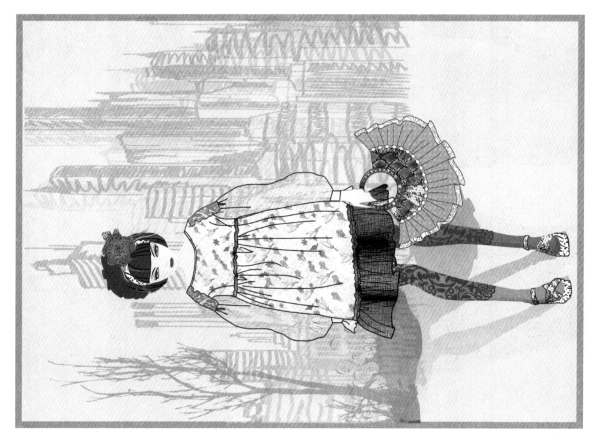

服装效果图绘制（一）

服装效果图绘制（二）

服装效果图绘制（三）

参考文献

[1] 江汝南. 服装电脑绘画教程 [M]. 北京：中国纺织出版社，2013.

[2] 张皋鹏. Illustrator CS4 多媒体教学经典教程—服装设计表现 [M]. 北京：清华大学出版社，2010.

[3] 陈良雨. Illustrator 服装款式设计与案例精析 [M]. 北京：中国纺织出版社，2015.

[4] 李春晓. Illustrator & Photoshop 服装与服饰品设计 [M]. 北京：化学工业出版社，2015.

[5] 张静. Adobe Illustrator 服装效果图绘制技法 [M]. 上海：东华大学出版社，2014